Tous nos ouvrages sont disponibles aux

Éditions Decoopman
Ferrières
30440 Saint-Laurent-le-Minier
Tel : +33 (0)4.67.73.90.95
web : www.decoopman.com
e.mail : livres@decoopman.com

Olivier Lacaux
Jean Castanier

I.S.B.N. 978-2-36965-165-9
Dépot légal : 1er trimestre 2024

Fig. La Gnomonique.

Collection

- Horlogerie -

- *Comptage du temps et Chronographe* - R. Baierlein
- *Échappements d'horloges et de montres* - C. Gros
- *L'horloger à l'établi* - Schulz & Kames
- *Manuel d'horlogerie* - P. Foucher
- *L'Horloger I*- C. Poncet
- *L'Horloger II - Sonneries* - C. Poncet
- *Traité d'horlogerie moderne* - C. Saunier
- *Guide-manuel de l'Horloger* - C. saunier
- *L'art de l'Horlogerie enseigné en trente leçons* - Anonyme
- *L'art de connaître et de soigner les montres et les pendules* - J. Gondy
- *Échappements à ancre*
- *Encliquetages* - F. Balavoine
- *L'horlogerie électrique* - A. Tobler
- *Histoire de l'Horlogerie* - P. Dubois
- *Les merveilles de l'horlogerie* - C. Portal & H. de Graffigny

GNOMONIQUE

Traité théorique et pratique de la construction des cadrans solaires, suivi de tables auxiliaires relatives aux cadrans et aux calendriers

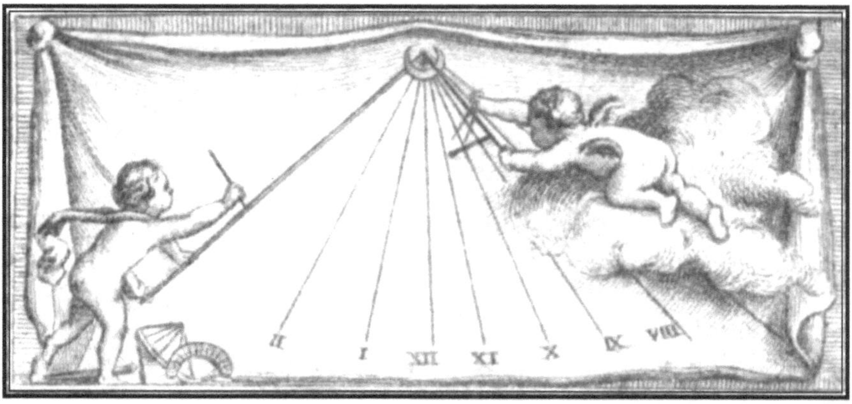

G. BIGOURDAN

Membre de l'Institut et du Bureau des Longitudes

1922

Introduction

1. La connaissance de l'heure exacte est évidemment pour nous une nécessité continuelle. Sans cette connaissance, que deviendraient, par exemple, nos moyens de communication ?

À des degrés divers, ce besoin a toujours été ressenti : au XVIe siècle, l'auteur d'un traité des cadrans solaires prétendait qu'il n'est pas plus possible de se passer de cadran que de boire et de manger. Au XVIIIe siècle, disent les auteurs du temps, chaque maison avait son cadran et à une époque relativement récente, on construisait encore des objets familiers, disposés de manière à donner l'heure par le Soleil, par exemple des cannes gnomoniques.

De ce besoin universellement ressenti est née la division du temps, et en particulier la division du jour, portée aujourd'hui à un haut degré de perfection grâce à la précision des *garde-temps* (montres, chronomètres, horloges, etc.). Mais ces appareils mécaniques sont d'invention relativement récente, et longtemps l'homme n'a disposé, pour diviser le jour, que de moyens primitifs, empruntés aux faits les plus ordinaires de la vie courante.

2. De tous les phénomènes qui nous entourent habituellement, la modification continuelle de l'ombre produite par un objet quelconque est assurément celui dont la relation est la plus intime avec le mouvement journalier du Soleil, avec l'écoulement graduel de la journée. Aussi, le premier moyen employé partout pour diviser le jour est le changement de longueur de l'ombre produit, par un objet familier, par le corps de l'homme par exemple : les plus âgés d'entre nous ont pu le voir employé encore dans les campagnes lorsque, il y a un demi-siècle ou plus, les pendules et les montres y étaient encore peu communes.

Aussi est-ce peut-être inutilement que Bailly suppose du génie au premier qui s'avisa d'employer ainsi l'ombre : un tel usage est de ceux qui s'établirent comme d'eux-mêmes dans toutes les sociétés primitives.

Ensuite, et peut-être après un assez grand nombre de siècles, on utilisa l'ombre d'objets plus réguliers d'une tige, d'une colonne spéciale, d'un obélisque (fig. 2 à 5) ; et ainsi se trouva constitué le plumier instrument destiné à donner l'heure, celui qui a reçu le nom de *gnomon*.

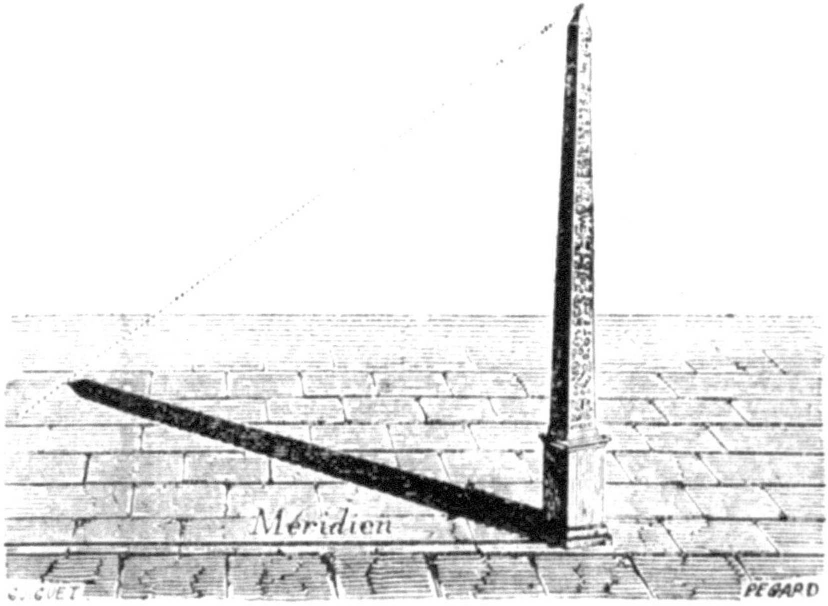

Fig. 2. Obélisque pouvant former gnomon.

Le gnomon

3. Quoique ce mol soit grec (γνώμών signifie *indicateur*) le gnomon est bien antérieur à la civilisation hellène. Les Chinois prétendent l'avoir employé déjà du temps de Yao, 24 siècles avant notre ère, et leurs livres rapportent des observations faites avec cet instrument plus de 1000 ans avant J.-C.

Le cadran d'Achaz (720 av. J.-C.) était peut-être un gnomon ; en tout cas, d'après Hérodote (II, 109), les Babyloniens firent connaître le gnomon aux Grecs, et ce fut sans doute Anaximandre (vers -545) qui l'introduisit parmi ses compatriotes, car parfois on lui en attribue l'invention, comme, d'ailleurs, celle du cadran solaire.

Dès lors, l'usage de cet instrument se répandit dans tout le bassin de la Méditerranée ; ainsi vers 320 av. J.-C., Pythéas l'employait à Marseille, et du temps d'Ératosthène (-220) l'observation des ombres du gnomon était familière dans un grand nombre de villes grecques.

Il y avait aussi des gnomons dans l'ancienne Égypte, et il en existait au Pérou lors de l'arrivée des Européens.

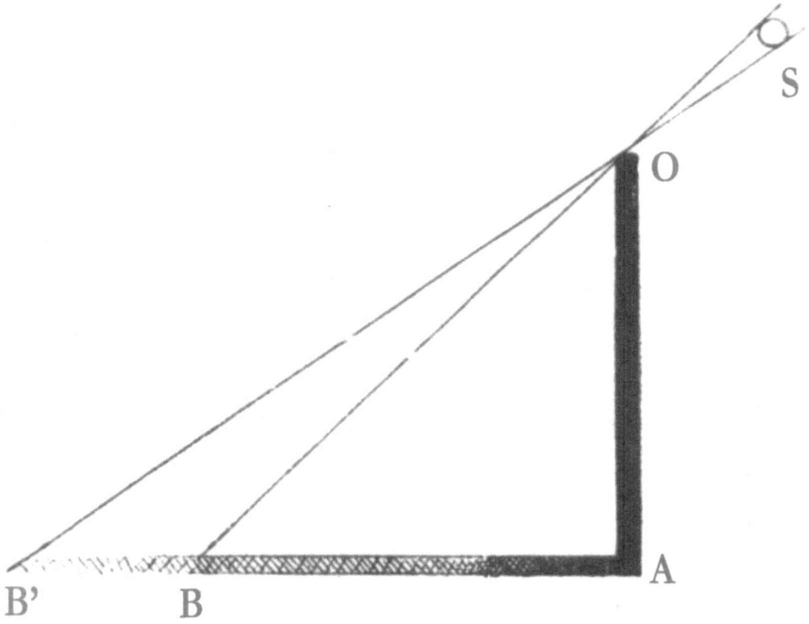

Fig. 3. — Ombre et pénombre du gnomon ordinaire.

4. Pour que les observations faites au gnomon aient une certaine exactitude, il est indispensable que les dimensions de cet instrument soient assez grandes, autrement dit que le gnomon soit assez élevé ; mais alors, comme le Soleil n'est pas un simple point, l'extrémité de l'ombre perd de plus en plus de sa netteté à mesure que le gnomon est plus haut, à cause du diamètre apparent du Soleil, ainsi que le montre un coup d'œil jeté sur la figure 3, où AO est le gnomon et S le Soleil, dont le diamètre apparent BOB' est d'environ un demi-degré : l'ensemble de l'ombre se termine en B', l'ombre pure en B,' de sorte que l'intervalle BB' est couvert d'une ombre dégradée ou pénombre, dont l'extrémité B' n'a aucune netteté.

Cet inconvénient fut d'abord évité en surmontant le gnomon d'une boule (fig. 4) : alors la pénombre est symétrique tout autour d'un point qui ainsi est mieux déterminé, et qui correspond visiblement au centre de la boule et au centre du Soleil.

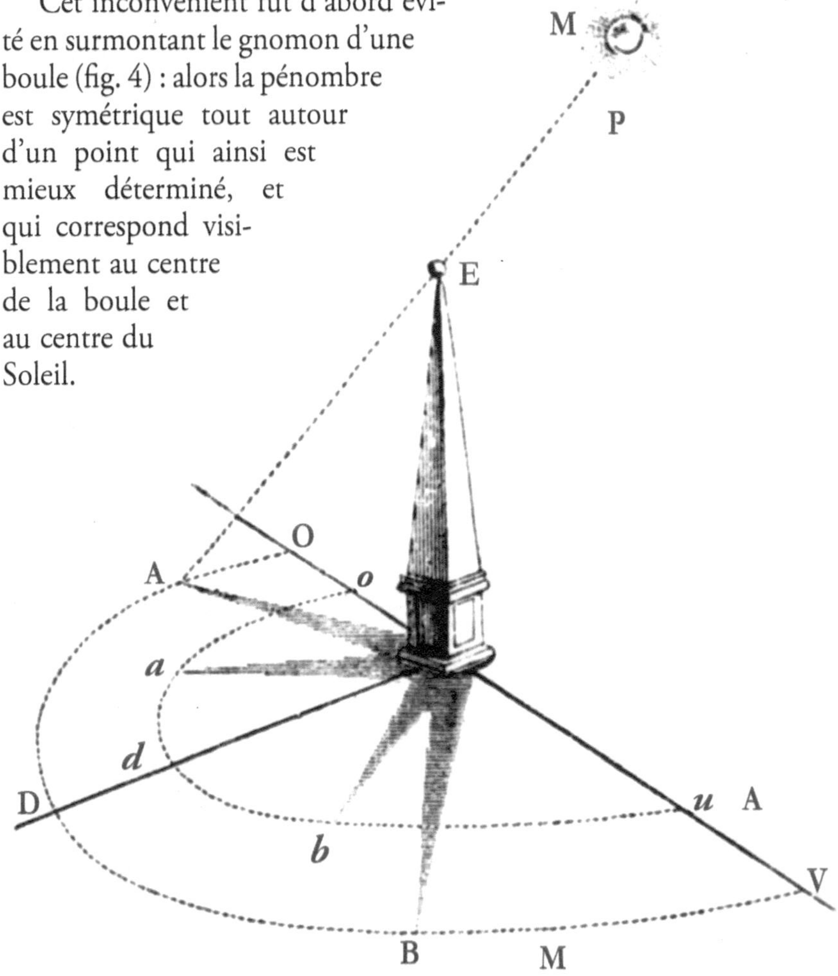

Fig. 4. – Gnomon à boule.
Son emploi pour déterminer la méridienne D *d* par les ombres correspondantes et égales A et B, *a* et *b*.

On trouve cette forme de gnomon, avec boule terminale, sur des médailles du temps de Philippe de Macédoine ; et cette disposition, qui fut commune à Rome, dut y être introduite par Ménélaüs, car souvent on lui attribue ce perfectionnement.

De leur côté, les Arabes évitèrent le même inconvénient par l'emploi d'un trou rond terminant le gnomon (fig. 5) : ici le centre de l'ombre reçoit plus de lumière que les régions environnantes et il correspond également au centre du trou et au centre du Soleil. Ce perfectionnement est attribué à Ibn-Younis, et il passa des Arabes aux Persans qui le firent connaître en Chine ; c'est ainsi que le célèbre astronome chinois Co-Chéou-King l'employa, vers 1278, pour prendre des longueurs d'ombre qui ont été utilisées par Laplace pour déterminer l'obliquité de l'écliptique et sa variation.

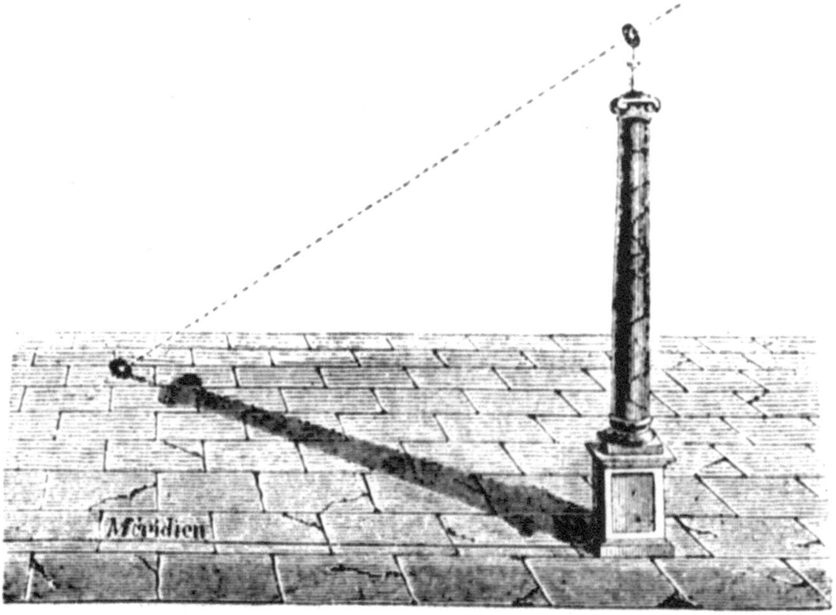

Fig. 5.— Gnomon à trou.

Plus tard, le simple trou fut remplacé par un verre objectif de distance focale convenable, et qui donne une image solaire bien mieux terminée.

En outre, on augmenta beaucoup la hauteur du gnomon, qui fut portée jusqu'à plus de 100 pieds ou 30 mètres.

5. Ce qui importe surtout dans le gnomon que l'on pourrait appeler *astronomique*, c'est l'immobilité parfaite de l'extrémité supérieure, boule, trou, objectif...; aussi on remplaça la colonne par les murs de quelque édifice bien solide et très élevé.

Comme d'ailleurs le gnomon servait à déterminer la longueur de l'année, à régler le calendrier, à fixer la fête de Pâques, souvent, à partir du XVIe siècle surtout, il fut dressé dans les églises sous cette forme économique, et il en existe encore aujourd'hui un certain nombre.

Dans nos climats, le Soleil donne des ombres très longues en hiver, et souvent on ne disposait pas d'un édifice ayant une longueur suffisante. Alors on redressait en quelque sorte l'extrémité

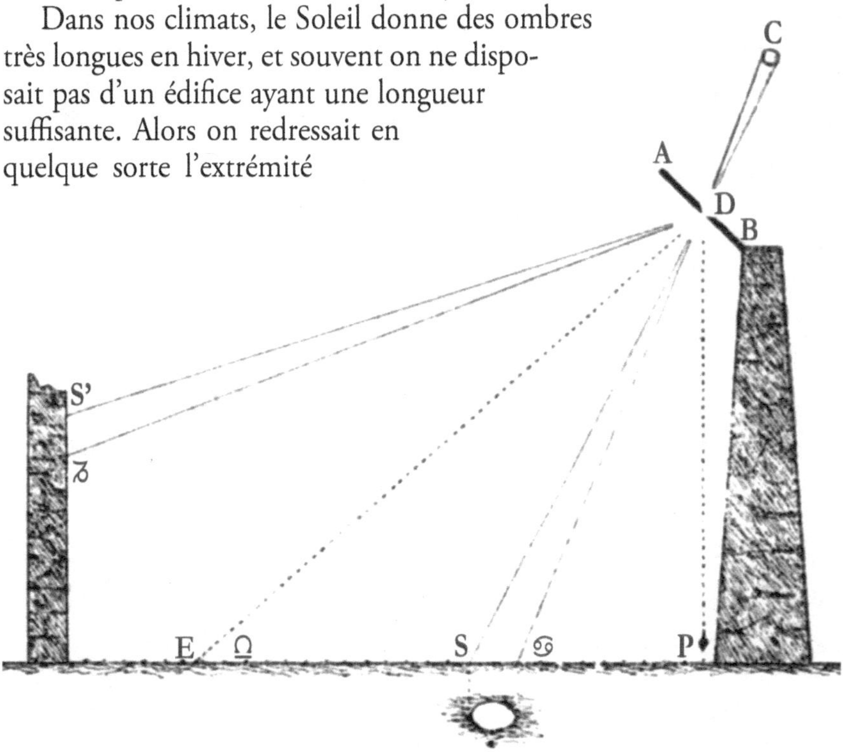

Fig. 6. — Gnomon monumental à trou et à extrémité redressée.

nord de la ligne méridienne contre une muraille, un obélisque opposé (fig. 6) : c'est ce qui a lieu au gnomon bien connu de l'église Saint-Sulpice à Paris.

Passage du gnomon au cadran solaire.

6. Le gnomon, qui a été très employé et très utile dans l'ancienne astronomie[1],a un grand inconvénient pour la division du jour, à cause de la variation continuelle de la déclinaison du Soleil . pour une même heure considérée en des jours différents, la longueur de l'ombre n'est pas la même, non plus que sa direction, sauf celle de midi.

[1] Par exemple, il permet de déterminer la hauteur du Soleil, et par suite sa déclinaison ; il peut aussi donner la latitude, l'azimut, etc., et il serait facile de montrer, avec certains auteurs, que de son observation il est possible de déduire les fondements de l'Astronomie.

Lors donc que dans les *Harangueuses* d'Aristophane, deux personnages se donnent rendez-vous pour l'instant où l'ombre aura 10 pieds, cette indication n'a de valeur que pour certains jours particuliers de l'année.

Dans une autre saison, il aurait fallu convenir d'une autre longueur, au moins pour avoir la même heure. Aussi avait-on dressé des sortes de barèmes qui, mois par mois, donnaient la proportion de l'ombre pour les différentes heures du jour et comme la longueur de l'ombre change avec la latitude, chaque localité avait son barème ; l'usage en était courant à Rome au temps de la décadence de l'empire.

Cela rendait très incommode l'emploi de gnomons de diverses longueurs, aussi en Chine, la loi avait fixé cette longueur uniformément à 8 pieds.

7. Ces inconvénients du gnomon ou style vertical provoquèrent sans doute la recherche d'une forme plus avantageuse, et elle fut trouvée par celui qui s'avisa de diriger le style vers le pôle, c'est-à-dire de le placer parallèlement à l'axe du monde ; alors la longueur de l'ombre change encore avec la saison, mais sa direction est toujours la même pour une même heure tout le long de l'année : le cadran solaire, sous la forme la plus répandue, se trouva ainsi inventé.

Toutefois on ne passa pas toujours directement du gnomon à ce type de cadran solaire, et l'on eut aussi l'idée de remplacer la surface plane horizontale sur laquelle se projette l'ombre du gnomon par une surface sphérique concave tournée vers le haut, avec un style à peu près vertical dont l'extrémité libre arrivait exactement au centre de cette sphère.

Un tel instrument, contrepartie de la voûte céleste, était facile à imaginer, à construire, et il a été employé sous le nom de *Scaphé* ou de *Polos*, dont l'invention est attribuée à Bérose le Chaldéen (vers -300). Il fut très employé dans l'antiquité, et les fouilles archéologiques en ont fait découvrir plusieurs, aujourd'hui conservés dans les musées. Il pouvait aussi servir à mesurer la latitude, et certains auteurs disent qu'Ératosthène en fit usage pour sa mesure de la Terre.

Lors de la fondation de l'Observatoire de Paris, J.-D. Cassini s'était proposé d'y construire, au-dessus de la tour de l'Ouest, un grand scaphé, ayant au centre une lentille ou verre objectif, en vue de donner une image plus nette du Soleil. Dans un tel instrument, l'emploi d'une lentille est tout indiqué, puisque la distance du sommet du gnomon à la surface qui reçoit l'ombre est constante, toujours égale au rayon.

8. Le scaphé présente la particularité de s'adapter également bien aux heures dites *temporaires*[2] et aux heures équinoxiales ou égales, mais elles y correspondent à deux systèmes différents de lignes horaires. Il ne comporte pas de grandes dimensions et, employé sans lentille comme chez les anciens, il n'est susceptible que d'une faible précision ; en outre, il ne se prête guère une exposition à la vue du public : ces inconvénients peuvent être évités dans le cadran solaire, terme général sous lequel on désigne d'ailleurs tout instrument qui donne l'heure par le Soleil ; mais nous verrons que, au point de vue théorique, il y a lieu de distinguer des types divers de ces instruments.

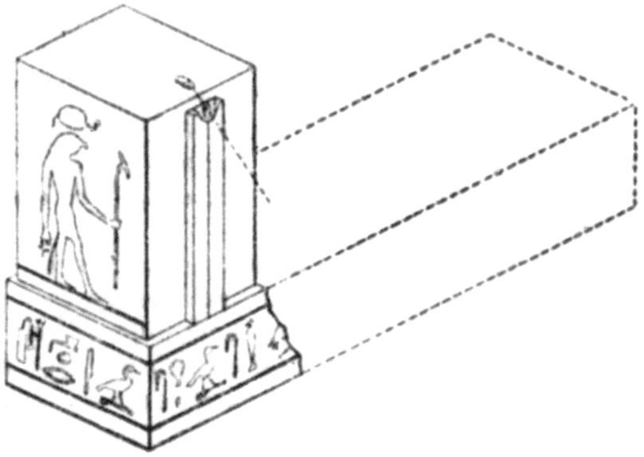

Fig. 7. – Cadran solaire égyptien.

Le cadran solaire, souvent confondu avec le gnomon, qui au fond en est une variété, fut sans doute inventé en Chaldée ; il fut connu aussi en Égypte, et la figure 7 en représente un emprunté à J.-B. Biot. En Grèce, le premier cadran solaire aurait été établi par Anaximandre vers l'an 545 avant J.-C., mais on n'en trouve à Rome qu'après la seconde guerre punique (vers -200) ; encore ce premier cadran avait-il été enlevé à Catane, de sorte que, à moins de précautions spéciales et dont on ne parle pas, il ne pouvait donner exactement l'heure à Rome, à cause de la différence notable des latitudes. Ce ne fut qu'en -164 que fut construit le premier cadran solaire dressé pour Rome même.

[2] Rappelons que longtemps on a divisé en 12 parties égales entre elles le jour proprement dit, c'est-à-dire l'intervalle entre le lever et le coucher du Soleil, et en 12 parties, égales aussi entre elles, la période complémentaire ou d'obscurité. Comme la durée du jour et celle de la nuit varient, soit d'une date à l'autre pour un même lieu, soit d'une latitude à l'autre pour une même date, il en résulte que ces heures anciennes variaient de même : ce sont des heures temporaires, par opposition avec les heures équinoxiales : celles-ci correspondent aux époques des équinoxes et comme alors le jour est partout égal à la nuit, ces heures équinoxiales avaient partout la même valeur, celle de nos heures actuelles ; pour cette raison, elles servaient de commune mesure, c'est-à-dire que lorsqu'on avait besoin d'un peu de précision, les heures temporaires étaient transformées en heures équinoxiales : celles-ci étaient surtout employées par les astronomes.

9. En raison de l'importance que présente la division de la journée, le cadran solaire se répandit rapidement, affecta des formes nombreuses, et il y eut dans l'antiquité, disent quelques auteurs anciens, de grandes industries qui fournissaient le monde d'une foule de variétés de cadrans solaires et d'autres instruments propres à mesurer le temps. Aussi leur construction devint un art spécial, connu sous le nom de *Gnomonique* ou de *Sciatèrique* ou encore d'*Horlogiographie*.

Fig. 8. – Tour des Vents.

Cet art fut déjà poussé à un haut degré de perfection par les Grecs[3], qui varièrent beaucoup la forme et les dimensions de ces instruments ; Vitruve en énumère plus de dix espèces différentes (IX, 8), et tandis que les uns étaient portatifs, les autres atteignaient des dimensions considérables.

[3] Voir : Delambre, *Hist. de. l'Astr. ancienne*, t. II, p. 459 -519. — Montucla, *Histoire des Mathématiques*, Paris, an VII, t. 1, p. 715.

La *Tour des Vents* (fig. 8), monument grec qui existe encore à Athènes, a la forme d'une tour hexagonale régulière, et ses six faces verticales avaient été dressées pour recevoir des cadrans solaires dont les traces sont encore visibles.

Les Arabes attribuèrent aussi une grande importance à la Gnomonique[4] et, sans rien ajouter d'essentiel à celle des Grecs, ils construisirent également des cadrans solaires de toutes sortes.

Le portrait d'astronome peint par Hans Holbein en 1528, et dont l'original est un des joyaux du Louvre (fig. 9) le représente avec divers de ses instruments comme attributs ; mais le plus saillant est le solide régulier qu'il tient dans ses mains et sur les faces diversement inclinées

Fig. 9. — Portrait d'Astronome, avec ses attributs, par H. Holbein.

[4] Voir Delambre, *Histoire de l'Astronomie au Moyen-Âge*, p. 56 (Albategnius), 129 (Ibn-Younis), 513....

duquel il construit des cadrans solaires, ce qui montre bien qu'alors la gnomonique était considérée comme une partie extrêmement importante de l'Astronomie.

Cette science continua de jouir d'une vogue universelle au Moyen-Âge et elle était considérée comme le chef-d'œuvre de la Cosmographie et de la perspective ; aussi fut-elle l'objet d'un grand nombre d'ouvrages[5] de tout genre, depuis ceux qui traitent les questions analytiquement jusqu'aux manuels destinés aux praticiens et décrivant minutieusement toutes les opérations à effectuer ; souvent ils renferment des tables étendues afin de dispenser de tout calcul.

Au XVIIIe siècle où il y avait, comme on l'a dit, des cadrans solaires dans toutes les maisons, il existait encore des ouvriers spéciaux pour les tracer : la figure 10 montre une partie de leur outillage.

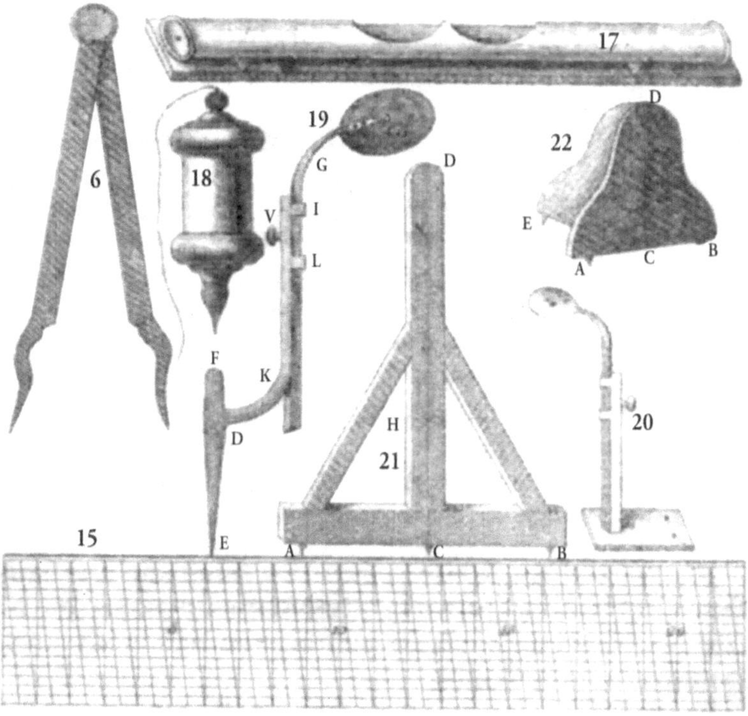

Fig. 10. – Quelques instruments utiles pour tracer les cadrans solaires.

[5] Pour la bibliographie des Ouvrages et Mémoires relatifs à la Gnomonique, voir HOUZEAU et LANCASTER, *Bibliographie générale de l'Astronomie*, t. I, 2e partie, p. 1272-1310 (Ouvrages), et t. II. col. 440 - 446 et 1603 - 1604| (Mémoires). Voir aussi HOUZEAU, *Vade-Mecum de l'Astronome*, p. 158-166.

Les auteurs anciens se plaignent d'ailleurs du peu d'instruction de la plupart de ces ouvriers « qui inondent tous les pays de mauvais cadrans ».

À la Révolution, les cadrans solaires eurent un regain de faveur, parce que, les clochers ayant été abattus, les horloges des villages avaient disparu.

Les cadrans forment d'élégants motifs de décoration architecturale, ce qui suffirait à recommander encore leur emploi.

Sur les façades des mairies, des écoles, ils constitueraient aussi d'excellentes leçons de choses.

10. Un cadran solaire peut être tracé sur une surface quelconque, mais le plus ordinairement on ne fait usage que de surfaces planes, généralement horizontales ou verticales.

Pour tracer un cadran solaire il est au moins utile, sinon nécessaire, de connaître la direction du méridien et la latitude du lieu, ainsi que divers autres éléments faciles à déterminer.

On pourra prendre la latitude sur une carte topographique, comme celle de l'État-Major (qui la donne en degrés sexagésimaux et en degrés centésimaux), ou celle du Ministère de l'intérieur, qui la donne en degrés sexagésimaux. Quant à la direction du méridien, on pourra l'obtenir par la boussole ou par un gnomon, employé comme l'indiquent les figures 3 et 4. Pour plus de détails sur ce point spécial, voir le *Complément*, placé à la fin du Volume.

Chapitre I

Cadrans solaires en général. Cadrans à axe fixe : généralités.

11. Nous savons que le terme *Cadran solaire* s'applique à des appareils très variés. Au point de vue théorique, ces appareils appartiennent à des types divers ; ainsi il en est où l'objet qui porte ombre doit être déplacé dans le cours d'une même journée : tels sont les cadrans azimutaux, etc. Dans d'autres, au contraire, l'objet qui porte ombre est supposé fixe, complètement immobile : ce sont les plus nombreux et ceux dont nous allons d'abord nous occuper.

Un tel cadran comprend plusieurs parties :

1°. Une surface, plane ou courbe, sur laquelle on trace les lignes d'ombre, et que nous appelons la *Table* du cadran.

2°. Un objet porte-ombre, fixé à la Table aussi invariablement que possible, mais qui peut avoir les formes les plus variées. Quand c'est une tige solide, droite ou courbe, nous l'appelons le *Style* du cadran. D'autres fois c'est une ouverture petite et ronde, supportée par une *potence* telle que celle de la figure 11. Cette ouverture, que nous appellerons l'*œil* du cadran, peut être supportée aussi par un style de forme quelconque. Les rayons solaires qui traversent l'œil du cadran produisent sur la Table une tache lumineuse arrondie à laquelle nous donnons le nom d'*image* du Soleil.

3°. L'axe du cadran : c'est une droite, réelle ou fictive, parallèle à l'axe du monde, et passant par un point déterminé du Style, par son extrémité libre, par exemple, ou par l'œil.

Fig. 11. — Cadran solaire à Style fictif et à Axe fictif.

L'Axe et le Style se confondent souvent, mais souvent aussi ils sont distincts. Dans le premier cas, nous donnerons à l'axe le nom d'*Axe-Style*[6] quand ce sera nécessaire pour éviter des confusions.

4°. Le Centre du cadran, qui est le point où l'axe, réel ou fictif, et prolongé s'il est nécessaire, perce la Table.

5°. Des lignes tracées sur la Table, nous verrons qu'elles passent toutes par le Centre du cadran ; c'est sur ces lignes que le Soleil marque le temps aux diverses heures du jour : aussi on les appelle *lignes horaires.*

12. Cela posé, au point quelconque de la Terre où l'on veut établir un cadran solaire du type choisi, c'est-à-dire tracer les lignes horaires, sur le mur CXY par exemple (fig. 12), imaginons une sphère auxiliaire PEP'E' de centre O, de rayon arbitraire mais comparable aux dimensions du cadran, soutenue par une tige droite et rigide CC' parallèle à l'axe du monde et passant par le centre O de la sphère :

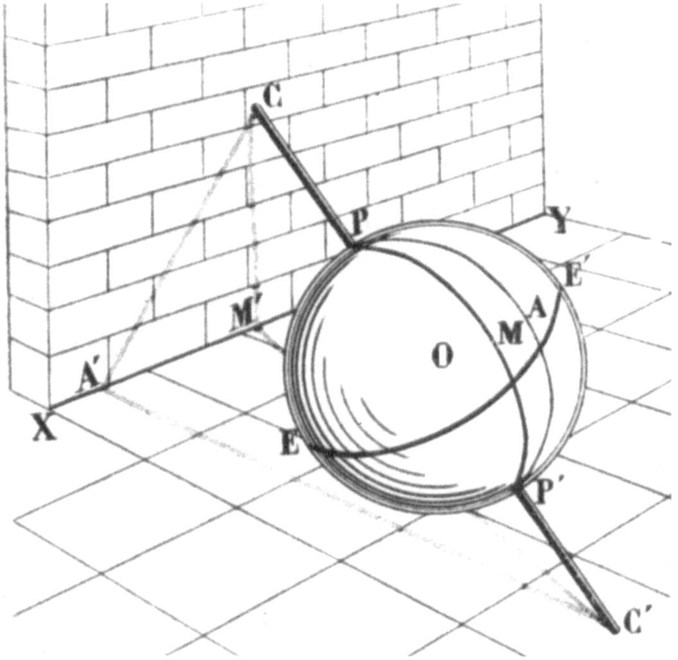

Fig. 12. — Sphère auxiliaire, qu'il suffit de considérer à la place de la Terre elle-même.

[6] La figure 11 montre un cadran qui n'a pas de Style ; les trois tiges plantées dans le mur forment potence et supportent l'ouverture qui est l'œil et en même temps un point du Style fictif et un point de l'Axe, également fictif.

cette tige, qui portera ombre sur le cadran est alors l'Axe-Style de celui-ci. Elle est maintenue en position d'une manière quelconque, par exemple, en appuyant, comme dans la figure, en C contre un mur CXY et en C' sur le sol XC'Y.

Nous voulons montrer que par rapport au Soleil et à son mouvement journalier, cette sphère auxiliaire se trouve dans les mêmes conditions que la Terre elle-même au point considéré, de sorte que, pour l'une et pour l'autre, le lever du Soleil, son passage au méridien ou à un cercle horaire quelconque, son coucher, etc. se produisent aux mêmes instants; cela fait, au lieu de la Terre elle-même il suffira de considérer la sphère auxiliaire, ou même seulement son équateur EE'.

Soit, par exemple, un plan EME' mené par le centre O perpendiculairement à l'axe-style CC' : il coupe la sphère suivant un grand cercle EME' qui est rigoureusement parallèle à l'équateur terrestre et que, sans erreur sensible[7], on peut supposer coïncider avec cet équateur, à cause de la distance extrêmement grande du Soleil.

Coupons encore la sphère auxiliaire par un plan mené par l'axe et par le Soleil : pour la même raison (la très grande distance du Soleil) il peut être confondu avec le cercle horaire du Soleil, c'est-à-dire avec le plan qui passe par cet astre et par l'axe de la Terre : ce qui démontre le principe énoncé.

Examinons encore cependant un autre cas particulier : Soit PMP' l'intersection de la sphère auxiliaire par le plan vertical du lieu qui renferme le Style : ce plan est, par définition, le méridien de la sphère auxiliaire et il se confond avec le méridien du lieu, de sorte que le Soleil y passe à midi[8].

Comme le Soleil tourne uniformément de 360° en 24 heures ou de 15° par heure, à 10 h, soit 2 heures avant midi, il se trouvait dans un plan tel que PAP' qui est à 30° du méridien vers l'Est. De même à 15 h il se trouvera dans le plan qui fait 45° avec le méridien vers l'Ouest. De tout cela résulte ce théorème fondamental :

[7] L'erreur maxima que peut produire cette substitution, comme toutes les substitutions analogues qui vont suivre, atteint au plus à la valeur de la parallaxe horizontale du Soleil, soit 9" en nombre rond. Comme I" répond à I mm vu à 206 m, l'erreur considérée n'atteindra donc jamais I mm sur un cadran qui aurait 20 m de côté, ou 0,1 mm sur un cadran de 2 m ; elle est donc toujours négligeable.

[8] Le temps marqué par les cadrans est dit temps solaire vrai, par opposition à divers temps conventionnels (temps solaire moyen, temps légal, temps d'été, etc.), que l'on définit par rapport au temps vrai : il s'agit ici du midi vrai.
En raison de la multiplicité même de ces temps conventionnels, définis par rapport au temps vrai, celui-ci conserve une certaine importance qui même sans doute augmenterait encore si l'on venait à multiplier ces temps conventionnels.

Pour tout ce qui concerne le cadran à construire, il suffit de considérer la sphère auxiliaire O (fig. 12) à la place de la Terre elle-même dans ses relations avec le Soleil.

Mathématiquement parlant, ce théorème n'est qu'approché, mais pratiquement l'erreur, qui tient à la distance finie du Soleil, est insensible. Une autre cause d'erreur, qui peut parfois être sensible, tient à la réfraction ; pour l'éviter on aura soin d'attendre que le Soleil soit assez haut pour faire les opérations que nous indiquerons.

Fig. 13.

13. En second lieu, l'ombre de l'Axe-Style est évidemment toujours dans le plan qui contient cet Axe et le Soleil, de sorte qu'elle se trouve à l'intersection de la surface quelconque ou *Table* qui reçoit l'ombre et du *plan horaire* correspondant du Soleil. Cela est bien visible dans la figure 12 si le plan de la Table est le mur vertical XCY, ou le parquet horizontal XCY, mais il en est encore de même si la Table appartient à un cylindre tel que celui de la figure 13, car on peut imaginer que l'axe de ce cylindre passe par le centre O de la sphère auxiliaire. D'où cette seconde conséquence dont nous ferons constamment usage :

La position de l'ombre de l'Axe-Style, sur une surface quelconque exposée au Soleil, est l'intersection de cette surface avec le plan horaire correspondant passant par le Soleil.

14. Imaginons que par l'Axe-Style CPO (fig. 14) on fasse passer des plans OPA, OPB. .... tels que l'angle formé par deux plans consécutifs quelconques soit exactement 15° : le tour entier valant 360°, on pourra ainsi mener exactement 12 plans ou 24 demi-plans

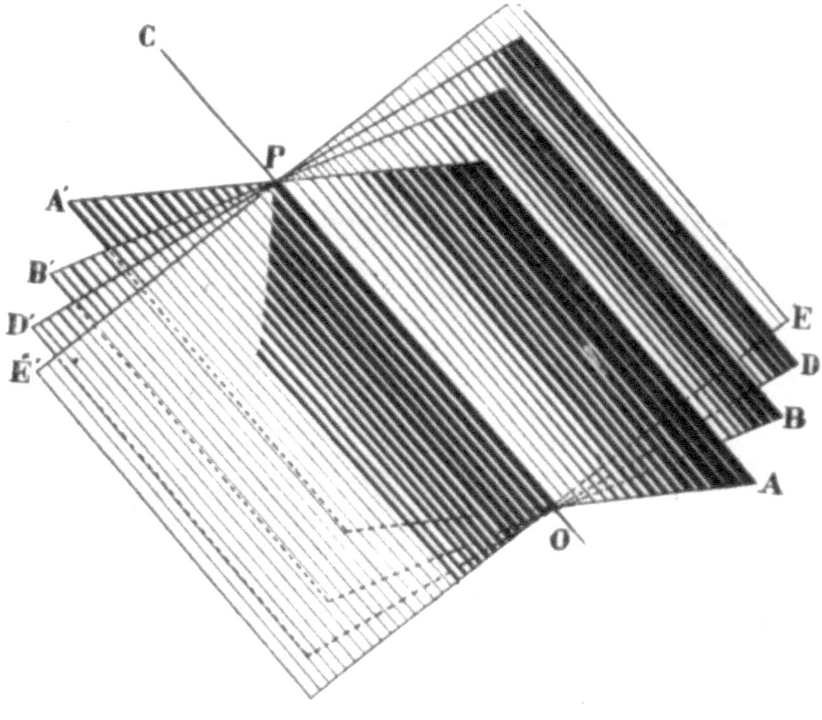

Fig. 14.— Rose horaire formée de 24 demi-plans horaires se coupant suivant l'Axe-Slyle CO et distants de 15° l'un de l'autre.

disposés régulièrement autour de l'Axe-Style. Amenons l'un d'eux, OPA, dans le méridien en tournant tout l'ensemble : le Soleil, qui s'y trouve à 12 h, a passé par la position actuelle du plan précédent OPB à 11 h, par l'avant-précédent OPD à 10 h, etc., et ainsi de suite. Ces plans constituent ce que nous appelons une *rose horaire* et sont donc les plans horaires dont les intersections avec la Table donneront les lignes horaires du cadran.

Ainsi, le problème pose de la construction d'un cadran revient à marquer sur la Table donnée, quelle qu'elle soit, les intersections des plans horaires successifs du Soleil, ou de la rose horaire, ce que l'on peut faire par des méthodes nombreuses, soit graphiques, soit numériques.

Un cas particulier, d'importance pratique très considérable, est celui où la Table est un plan : alors, comme l'intersection de deux plans est une droite, les lignes horaires du cadran sont toujours des lignes droites, et, par suite, il suffira de connaître deux points de chacune d'elles pour pouvoir les tracer. Or toutes vont évidemment passer par le Centre C du cadran ; ce Centre étant supposé donné ou connu, il suffira donc de déterminer un autre point de chacune de ces lignes.

Dans les cadrans du type considéré, c'est-à-dire à Style fixe, il y a lieu de distinguer deux cas, suivant que l'Axe se confond ou non avec le Style :

1°. Celui où l'Axe se confond avec le Style, tel que CPO (fig. 14) ; cette figure montre que l'ombre tout entière du Style est alors couchée sur la ligne horaire correspondante ;

2°. Celui ou le Style est distinct de l'Axe, et n'a avec lui qu'un point commun, tel que O : alors c'est seulement l'ombre du point O (œil) qui marque les heures par son arrivée aux lignes horaires successives.

Des définitions et considérations précédentes, on peut tirer quelques conclusions qu'il est utile de mettre dès maintenant en évidence :

I. – Les Axes de tous les cadrans du type considéré, qui peuvent exister sur la Terre, sont parallèles entre eux.

II. – Tout cadran propre à un lieu donné peut être transporté en un autre endroit du globe : il marquera encore les heures correctement, pourvu qu'il soit dans une position parallèle à celle qu'il avait d'abord, et que sa ligne de 12 heures soit dans le méridien de ce second lieu.

III. – Deux cadrans adossés (c'est-à-dire tracés sur la même surface, mais l'un d'un côté et l'autre de l'autre) ont les mêmes lignes horaires. Cela suppose que la surface considérée est sans épaisseur. Dans la pratique, elle en a toujours une: mais nous supposons que les deux faces sont parallèles, comme celles d'un mur. Alors les centres ne coïncident pas, non plus que les lignes horaires, mais les angles que ces lignes font avec la méridienne sont encore les mêmes.

15. Les noms que l'on donne aux divers cadrans solaires à Style fixe sont ordinairement tirés de la position de leur Table par rapport au sol, à la verticale. Ainsi on appelle *Cadran horizontal* celui dont la Table est parallèle à l'horizon, — *Cadran vertical* celui qui est tracé sur un plan vertical, tel qu'un mur. — *Cadran équatorial* ou *équinoxial* [9] celui dont la Table est parallèle à l'équateur.

Nous allons considérer les lignes horaires de ces divers cadrans, et voir comment on les trace : nous commencerons par le plus simple, le cadran équatorial.

Toutes les constructions indiquées ci-après s'appliquent à une latitude quelconque, mais en général et pour simplifier l'exposition, nous supposons qu'il s'agit d'un lieu de l'hémisphère boréal de la Terre.

Remarquons aussi que l'on peut à volonté soit tracer en place le cadran considéré, c'est-à-dire immédiatement, par exemple, sur le mur même qui doit le porter, — soit le tracer ailleurs, comme dans le cabinet, puis le mettre, régler et fixer en place. Dans chaque cas on verra aisément quelles restrictions il faut apporter à ces généralités.

[9] Le nom de cadran équinoxial pourrait faire croire que ce cadran ne sert qu'au temps des équinoxes ; aussi semble-t-il préférable de l'appeler uniquement cadran équatorial, et c'est ce que nous ferons.

Chapitre II

Cadrans équatoriaux

16. Ce sont, disons-nous, ceux dont la Table est parallèle à l'équateur : l'Axe-Style est donc perpendiculaire à la Table. Posons sur cette Table la rose horaire de la figure 14, sa ligne OC étant parallèle à l'axe du monde : les plans équidistants de la rose divisent évidemment la Table en 24 secteurs égaux, ayant tous pour sommet le point C du Style (fig. 15) et un angle au sommet égal à 15°.

Sur la Table du cadran (fig. 15) on tracera donc une circonférence que l'on divisera en 24 parties égales, et les lignes horaires s'obtiendront enjoignant le point C (qui est le Centre du cadran) aux points de division de la circonférence. L'un des 12 diamètres AD sera placé dans le méridien et sa moitié nord sera marquée 12, car elle sera couverte par l'ombre de l'Axe-Style à midi. Les autres seront marquées 8, 9, 10, ..., comme on voit dans la figure 15.

17. Telle est la construction très simple du cadran équatorial. Dans la chiffraison, il importe de distinguer deux cas ; en effet, suivant que le Soleil est au-dessus de l'équateur (printemps et été) ou au-dessous (automne et hiver), le Style-Axe devra être lui-même dirigé du Centre vers le pôle nord ou vers le pôle sud. Il y a donc deux sortes de cadrans de ce genre : le cadran équatorial boréal ou supérieur et le cadran équatorial austral ou inférieur.

Ils se construisent tous deux comme il vient d'être dit, mais la chiffraison de la graduation doit aller en sens contraire par rapport à l'observateur, car, en passant de l'un à l'autre de ces cadrans, l'observateur (qui regarde toujours devant lui) prend deux positions opposées.

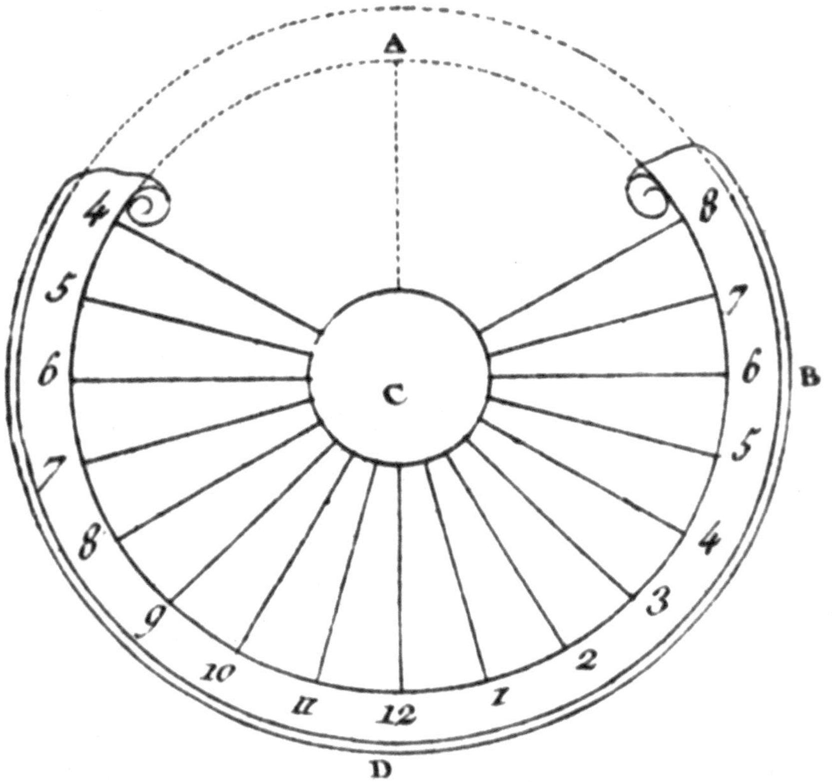

Fig. 15.– Cadran équatorial.

La figure 15 montre la graduation du cadran équatorial austral.

Remarque I. — Dans le cadran équatorial, la ligne VI h - XVIII h (ou de 6 h matin - 6 h soir) est toujours horizontale car elle fait un angle de 15° x 6 = 90° avec la ligne de XII h qui est une ligne de plus grande pente.

Remarque II. — On peut construire le cadran équatorial à sa place définitive, sur l'objet destiné à former sa Table ; mais ce n'est pas indispensable, comme nous avons dit (15)[10], et il est plus commode de le construire d'abord à part. Une simple planche suffit, et il ne reste ensuite qu'à l'orienter, ce qu'on pourra faire au moyen d'une méridienne ; puis un simple rapporteur permettra de lui donner l'inclinaison voulue, c'est-à-dire celle de l'équateur.

[10] Ces numéros entre ( ) renvoient aux paragraphes correspondants.

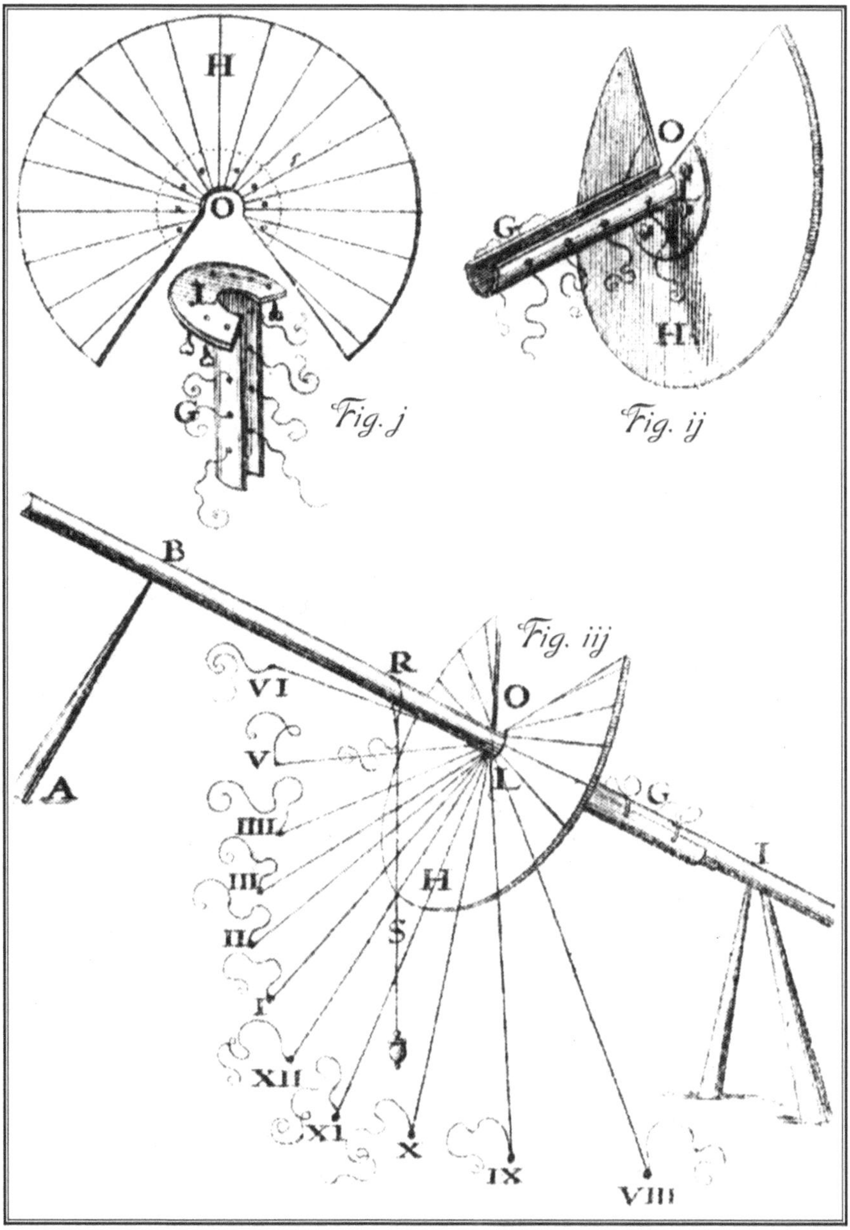

Fig. 16. — Moyen de tracer un cadran solaire quelconque à l'aide d'un cadran équatorial auxiliaire OH (iij). (Les parties j et ij de cette figure 16 montrent comment on peut réaliser le cadran auxiliaire.)

Même on pourrait se passer de ce rapporteur et placer le cadran sans connaître ni le méridien, ni la latitude ; en effet, comme la variation de la déclinaison du Soleil en quelques heures est ici insensible, dans un cadran équatorial bien placé *l'ombre du style doit avoir la même longueur pendant tout une même journée.*

On placera donc la ligne VI h - XVIII h horizontale, et si par exemple l'ombre est plus longue le matin que le soir, c'est que le cadran est penché vers l'ouest ; on le relèvera un peu et ainsi de suite par essais successifs, jusqu'à ce que l'ombre conserve la même longueur toute la journée.

19. REMARQUE III. — Un cadran équatorial réalisé et mis en place peut servir à tracer tout autre cadran de même axe, quel qu'il soit, quelle que soit la forme de sa Table, plane ou courbe. Pour cela, il suffit évidemment de prolonger jusqu'à cette Table les lignes horaires du Cadran équatorial, comme le montre la figure 16, ce qui donne un point de chaque ligne horaire demandée. On verra plus loin comment on peut obtenir d'autres points.

20. Les cadrans équatoriaux ont été très répandus autrefois et sous des formes variées, dont nous allons faire connaître les plus usuelles. Une forme portative est celle représentée par la figure 17 qui montre un cadran équatorial universel : le cadran est tracé sur le couvercle d'une boîte renfermant une boussole ; un arc du cercle gradué permet d'élever et de fixer le couvercle à la hauteur de l'équateur, et l'on oriente l'ensemble au moyen de la boussole, avec laquelle on place dans le méridien la ligne de midi. Pour que ce cadran soit bien universel, c'est-à-dire puisse servir en été comme en hiver, le style (qui peut se rabattre quand on veut fermer la boîte pour le transport) traverse le couvercle en dessus et en dessous, et le même couvercle est gradué sur ses deux faces.

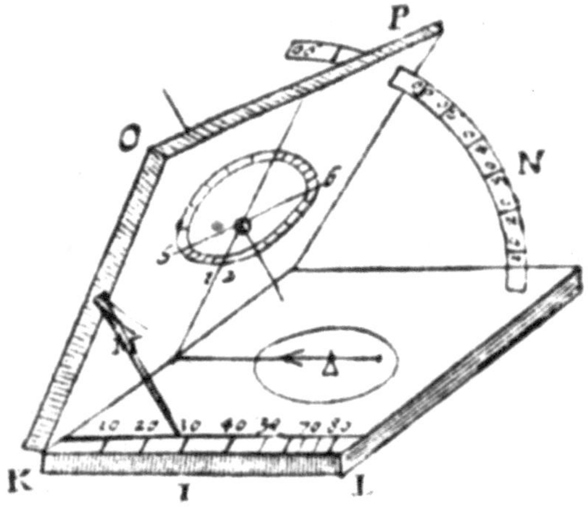

Fig. 17. — Cadran équatorial universel et portatif.

21. La figure 18 montre la forme dite de Ch. Chamberland. On voit l'arc de cercle gradué qui permet de placer le plan du cadran parallèlement à l'équateur ; l'ombre est donnée par le bord d'une règle perpendiculaire à ce plan. L'heure marquée, dans le cas de notre figure, est 9 h du matin.

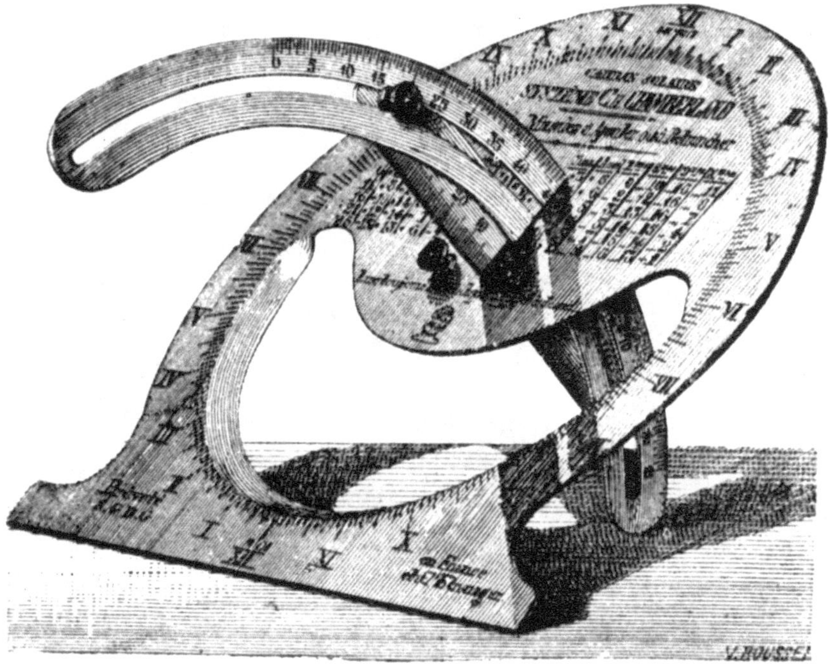

Fig. 18. – Cadran équatorial de Ch. Chamberland.

La figure 19 représente un cadran du même genre, mais d'un type plus ancien

L'anneau astronomique, disposé comme dans la figure 20, peut également servir de cadran équatorial.

22. Nous mentionnerons une dernière forme, dont l'origine paraît remonter à 1826[11] (abbé Guyoux), et qui dérive de l'équatorial.

Il est représenté par la figure 21 et a reçu de son second inventeur, Fléchet, le nom de *Chronomètre solaire.* Le cercle plan et légèrement bombé AB, qui tourne autour de l'axe CD, est rendu parallèle à l'équateur, grâce à la charnière E. Dans un cadran équatorial simple,

[11] Voir J. Mayette, *De la mesure du temps*, 1890, in-8°.

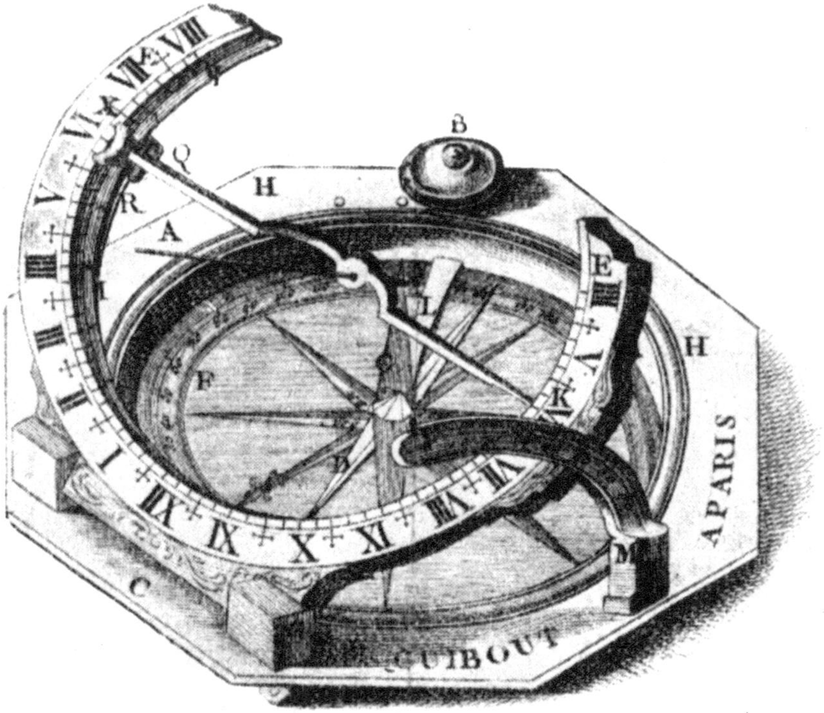

Fig. 19.— Cadran équatorial universel et portatif.

l'ombre serait portée par l'axe CD prolongée sur le cercle AB; ici, pour gagner en précision sans augmenter les dimensions, le cercle AB a un relèvement sphérique GH qui reçoit l'ombre, et celle-ci est produite par une pièce excentrique F. En outre, on place en F' une petite lentille, suspendue de manière à pouvoir se présenter toujours normalement au Soleil, et donnant sur GH une image réelle. Avec des dimensions suffisantes et une bonne installation, cet instrument peut donner l'heure à un petit nombre de secondes près.

En raison de leurs petites dimensions, les cadrans représentés par les figures précédentes ne comportent pas une grande précision. Dans le chronomètre solaire (fig. 21), on a réduit les dimensions en redressant une partie du cercle équatorial.

23. On peut gagner à ce point de vue en dressant sur le cercle équatorial un cylindre sur lequel on projette l'extrémité du Style. On a alors un cadran cylindrique sur lequel M. Ch. Gautier vient de rappeler l'attention.

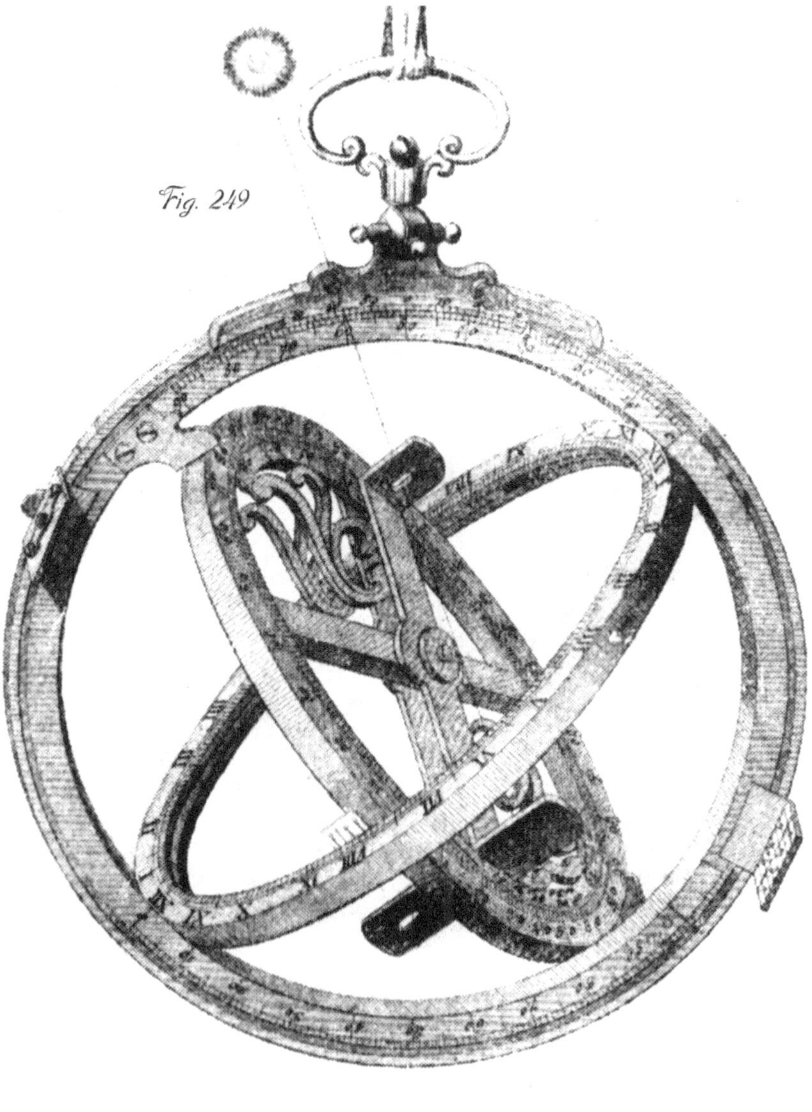

Fig. 20. Anneau astronomique, disposé pour servir de Cadran équatorial.

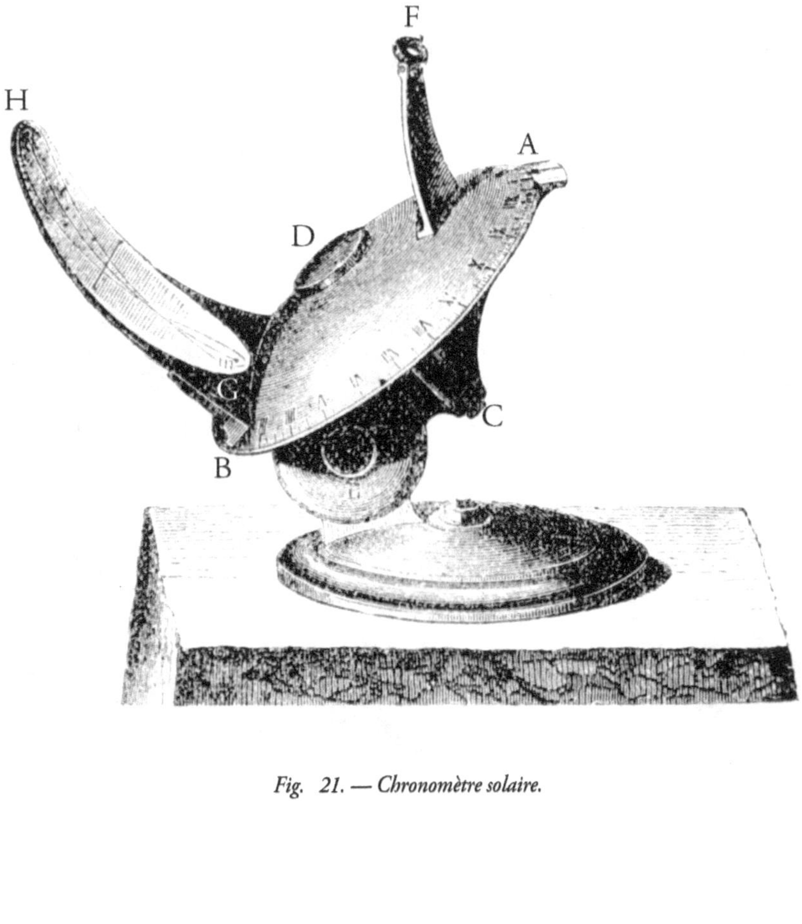

Fig. 21. — Chronomètre solaire.

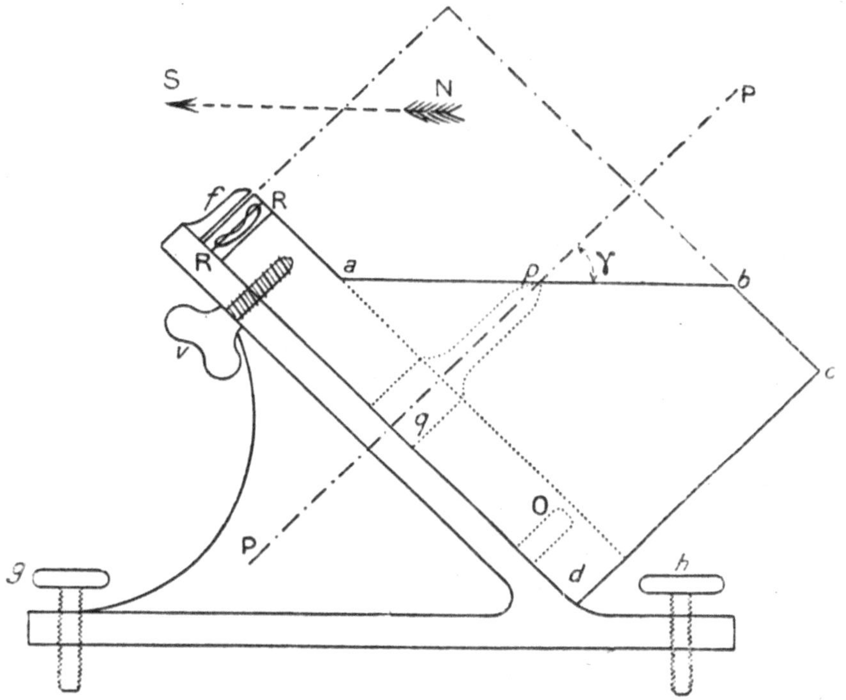

Fig. 22. — Élévation du cadran cylindrique.

Il est représenté par les figures 22-24 et comprend les parties suivantes :

- Un tronc de cylindre creux *abcd* (fig. 22) placé sur un support *fgh* à vis calantes (deux en *g* et une en *h*).
  L'axe PP du cylindre est dirigé suivant l'axe du monde, et le plan médian *f* O *h* du support coïncide avec le méridien.
- Un style *pq*, solidaire du cylindre, et ayant même axe que lui.
  Le cylindre est coupé à sa partie supérieure par un plan horizontal *apb*, la pointe *p* porte ombre toute la journée et toute l'année sur les graduations en heures et en dates tracées sur la partie concave ou intérieure du cylindre.

Les lignes d'égale heure (fig. 23) sont des génératrices équidistantes du cylindre, car elles sont l'intersection de cette surface avec la rose horaire[12].

[12] Sur un modèle essayé à Nice, où il est placé à l'embouchure du Paillon, le rayon du cylindre est de 114,6 mm, ce qui correspond, sur la figure 23, à 30 mm pour 1 heure, soit 0,5 mm par minute de temps. Les génératrices sont tracées de 5 en 5 minutes.

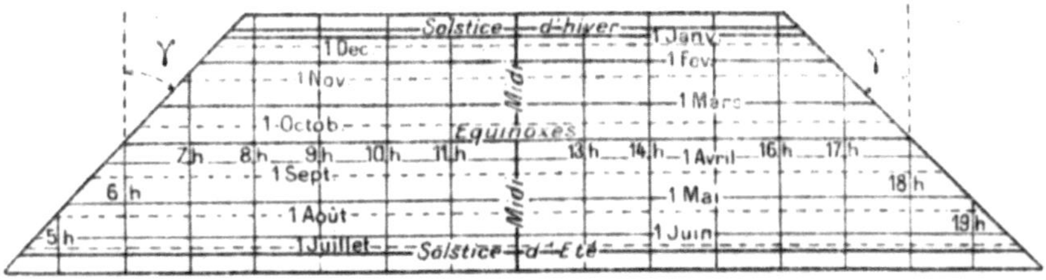

Fig. 23. — Développement de l'intérieur du cylindre du cadran cylindrique. Échelle ⅙ environ.

Les lignes d'égale date ou lignes d'ombre diurne sont des sections droites du cylindre, car elles sont l'intersection de cette surface avec le cône de révolution (ayant aussi pour axe PP) balayé (à très peu de choses près) par le rayon solaire passant par la pointe fixe *p* au cours d'une même journée[13]. L'angle γ est donc égal à la latitude du lieu.

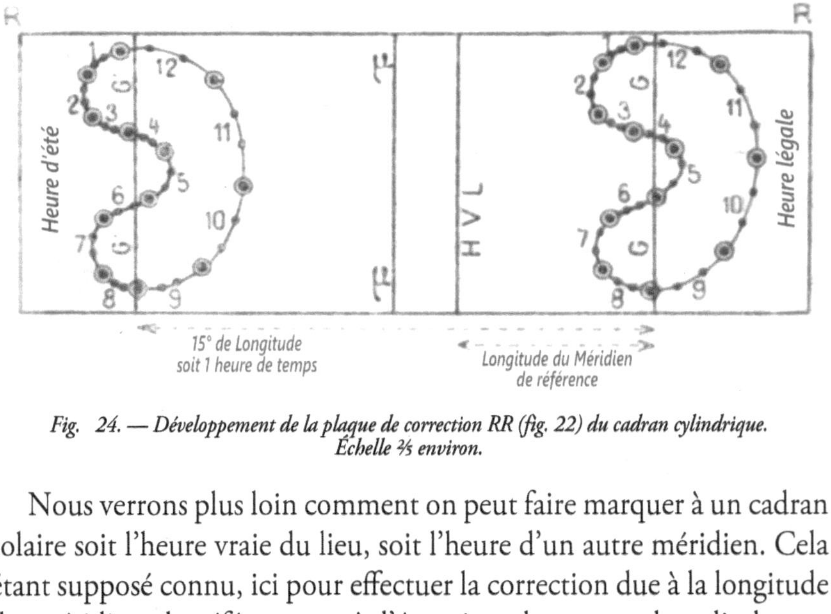

Fig. 24. — Développement de la plaque de correction RR (fig. 22) du cadran cylindrique. Échelle ⅖ environ.

Nous verrons plus loin comment on peut faire marquer à un cadran solaire soit l'heure vraie du lieu, soit l'heure d'un autre méridien. Cela étant supposé connu, ici pour effectuer la correction due à la longitude du méridien de référence et à l'équation du temps, le cylindre est disposé de manière à pouvoir tourner un peu autour d'un axe O (fig. 22) parallèle à PP, au moyen d'une vis *v*, ce qui déplace angulairement, en face d'un couteau fixe *f*, une plaque RR (fig. 22 et 24) fixée au cylindre et concentrique à O.

[13] Sur ce même appareil, les lignes d'ombre diurne sont tracées de 10 jours en 10 jours.

Si l'on met le couteau *f* en face de HVL, on a l'heure vraie locale ; si on le met en face de GG ou de G' G', on a l'heure vraie de Greenwich (méridien de référence) ou l'heure vraie d'été.

Enfin, si on le met en face de dates marquées de 10 en 10 jours sur deux courbes tracées arbitrairement en forme de haricots (fig. 24) autour de GG et de G'G', on a l'heure corrigée de l'Équation du temps toute l'année, c'est-à-dire l'heure légale[14].

24. Mise en place du cadran cylindrique. — Elle se fait en réglant l'appareil par rapport à trois axes, à savoir : NS, EO et un axe vertical quelconque. Pour celui-ci, on peut le régler soit à midi en mettant l'appareil à l'heure, soit à 6 h - 18 h en le mettant à la date. Ce second procédé est moins exact, mais dispense de la connaissance de l'heure.

L'appareil donne l'heure légale (avec une approximation d'environ 1 minute) toute la journée et toute l'année ; il donne aussi la date exacte aux équinoxes, moins exactement aux solstices.

Il reproduit, sans autre déformation qu'une symétrie par rapport au point *p*, la course du Soleil dans le ciel ; en particulier, il donne la direction et l'heure du lever et du coucher de cet astre pour tous les jours de l'année, ainsi que la longueur de ces jours[15]. Il montre, par la variation de l'inclinaison de PP, la variation des jours et des saisons dans le cas où on le transporterait de l'équateur aux pôles.

On peut dire aussi qu'il est autoréglable, puisqu'il peut être mis en place sans connaissance de l'heure ; il fournit, en outre, la date nécessaire à ce réglage. Il n'est pas sans analogie avec le *Polos* (p. 13) et comme lui, il pourrait marquer facilement les heures temporaires.

[14] En pratique et pour réduire au minimum la dissymétrie éventuelle de l'appareil, c'est la ligne μμ (milieu de l'intervalle GG — G'G') qui est dans le plan médian du cylindre. Comme conséquence, les lignes d'heures sont décalées d'autant.

[15] Ce résultat est légèrement faussé par le décalage du cylindre dû au réglage. Mais l'erreur est faible et aisément corrigeable.

CHAPITRE III

Cadran solaire horizontal

25. Ce cadran est le plus simple après le cadran équatorial; voici plusieurs méthodes qui permettent de le construire facilement.

Première méthode : Au moyen d'un cadran équatorial réalisé et portatif. — Cette méthode est celle dont nous venons d'indiquer le principe général (**19**). Dans le cas du cadran horizontal, on peut l'appliquer sur place ou bien construire le Cadran dans le cabinet et l'installer ensuite.

Soit (fig. 25) XHH'Y la Table du cadran à construire, une planche par exemple, et sur laquelle on choisit le point C comme Centre du cadran. Par ce point C menons une droite NS (Nord-Sud), ligne qui sera plus tard placée parallèlement au méridien et qui sera donc la ligne de XH h. Sa perpendiculaire menée en C sera la ligne VI h — XVIII h (**18**). Le style COP sera placé dans un plan NCO perpendiculaire à la planche et de manière à faire en C, avec NS, un angle égal à la latitude φ du lieu.

Les lignes d'ombre à tracer sont des droites (**14**) passant toutes par le point C (**14**), de sorte que l'on connaît un point de chacune d'elles ; il suffit donc d'en trouver un second.

Pour trouver ce second point, posons sur la Table un cadran équatorial portatif, réalisé pour la latitude du lieu, tel que celui d'une des figures 15,17, ..., et plaçons-le de manière que sa ligne de XII h recouvre NS, et que son style passe par le point C.

Le cadran équatorial s'avance, par exemple, jusqu'à XY, et une quelconque O*a* de ses lignes horaires prolongée vient passer par A : en

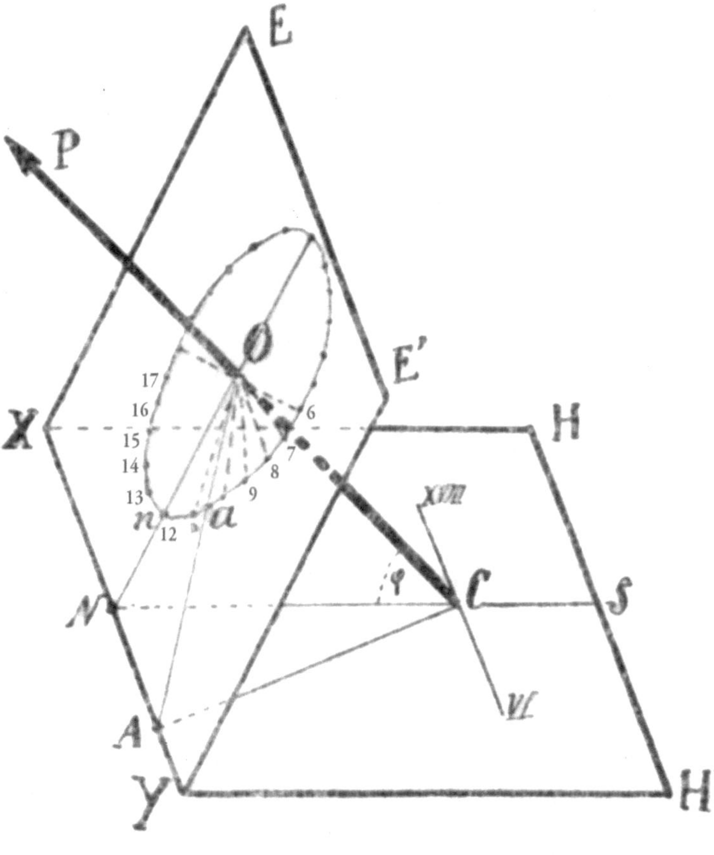

Fig. 25. — Construction du cadran horizontal au moyen d'un cadran équatorial. (Figure dans l'espace.)

joignant ce point A au centre C on aura la ligne horaire correspondante du cadran horizontal (**20**).

Remarque. —- Nous n'avons pas supposé de position spéciale à la Table XHH'Y ; le tracé peut donc, comme nous avons dit, être fait dans le cabinet.

Ensuite, pour installer le cadran, on le placera bien horizontalement, la ligne NS étant parallèle au méridien.

On peut aussi se servir d'une boussole si l'on connaît la déclinaison de l'aiguille aimantée.

26. **Deuxième méthode : par une épure.** — Cette deuxième méthode est une forme spéciale de la précédente, mais réalisée par une épure, et où il n'est pas nécessaire d'avoir un cadran équatorial réel.

Soit encore (fig. 25) XHH'Y la Table du cadran, C son centre et CP son style. On suppose connus : 1° la direction CN du méridien ; — 2° la latitude φ du lieu, c'est-à-dire l'angle NCP que fait le style avec le plan horizontal.

Pour trouver un second point de chaque ligne horaire imaginons que l'on exécute les opérations suivantes :

En un point quelconque O du style, dans l'espace, imaginons un plan XEE'Y perpendiculaire à ce style : ce plan est celui de l'équateur de la sphère auxiliaire (12). Dans ce plan supposons tracé autour du point O un cadran équatorial. Soit O *a* une quelconque de ses lignes horaires : elle figure l'ombre correspondante du style et cette ombre se prolonge jusqu'en A et au-delà si, comme nous le supposons, le style est suffisamment long.

Le point A est commun aux deux plans, puisqu'il est situé sur leur intersection ; la ligne horaire correspondante du cadran horizontal passe donc par A, et est donc CA ; et de même pour telle autre ligne horaire que l'on voudra du cadran à construire.

Le problème à résoudre revient donc à chercher les divers points tels que A où les lignes du cadran équatorial auxiliaire rencontrent la ligne XY, ce qui est d'ailleurs presque évident.

Ici, comme dans tous les cas qui suivent, il serait relativement difficile d'exécuter cette construction dans l'espace, mais un rabattement, exécuté suivant les principes les plus simples de la géométrie descriptive, permet de faire le tracé soit sur la Table même du cadran, c'est-à-dire en place, soit dans le cabinet, sauf à bien installer, dans ce dernier cas, le cadran une fois construit.

27. Supposons, en effet, qu'on rabatte le plan de l'équateur XEE'Y (fig. 25) sur le plan horizontal XHH'Y autour de XY, ce qui évidemment ne changera pas la place des points tels que A, placés sur la charnière. La ligne ON est perpendiculaire à XY,de sorte que le point O viendra quelque part sur NC en un point non figuré que nous appellerons O"; cela fait, autour de O" comme centre, se trouve le cadran équatorial et, en prolongeant ses lignes horaires jusqu'à XY, on aura les points cherchés tels que A : puis en les joignant à C on aura les lignes horaires du cadran à construire.

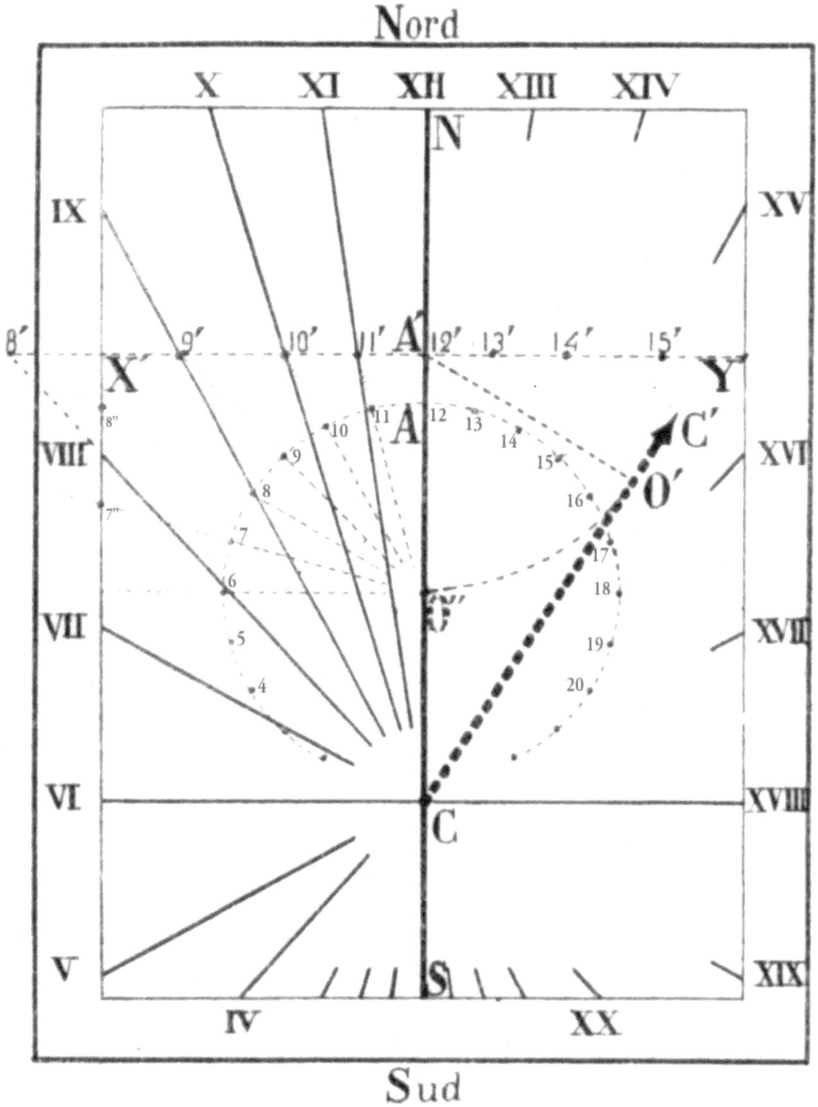

Fig. 26. — Construction du cadran horizontal au moyen d'un cadran équatorial auxiliaire, supposé rabattu sur la partie Sud de la Table. (Mise en épure de la figure 25.)

Ainsi on peut dire que tout se ramène à chercher le point O" où vient le point O de l'espace après le rabattement, c'est-à-dire à connaître la longueur ON. Le point C et la direction CN sont donnés ; on mènera donc XY perpendiculaire à CN, à la distance qui correspond à CO, et ainsi dans le triangle CON, rectangle en O, on connaîtra l'hypoténuse CN et l'angle NCO = φ ; on pourra donc le construire, ce qui donnera la longueur correspondante de NO, que l'on portera sur NC.

28. De là résulte la construction, réalisée sur la figure 26 : on a la Table, le centre C et la latitude. En un point quelconque A' de NS menons la perpendiculaire X'Y' que nous considérerons comme l'intersection de l'équateur avec la Table. En C faisons l'angle A'CC' égal à φ et de A' menons A'O' perpendiculaire à CC' : la longueur A'O' est la distance cherchée du point O de l'espace à A'. Prenons A'O'' = A'O' et nous aurons en O" la position de O après le rabattement. Cela fait, autour de O" comme centre et avec un rayon quelconque O"A, traçons un cadran équatorial, dont les lignes horaires aboutiront en ..., 9, 10, 11, ... Prolongeons celles-ci jusqu'à X' Y', en ... 9', 10', 11' ... et joignons ces derniers points à C : on aura les lignes horaires demandées.

29. Si les rayons issus de O" rencontrent X'Y' hors des limites de la Table, comme pour 8', ..., on calculera la longueur X'— VIII par la proportion : X'—VIII / X' — 8" = A'C / A'O' : cela suppose seulement que le bord du cadran est exactement parallèle à SN, condition facile à réaliser.

30. Remarque I. — Nous avons rabattu l'équateur XEE'Y de la figure 25 sur la partie sud du cadran, en le faisant tourner de 90°- φ. On aurait pu le rabattre sur la partie nord, en le faisant tourner de 90° + φ, et alors on aurait eu la construction de la figure 27, visiblement équivalente à celle de la figure 26.

Remarque II. — Le rayon OA (fig. 25) du cadran équatorial a été pris quelconque. Il y a intérêt, en vue de la précision, à le prendre suffisamment grand, et souvent on le prend égal à ON, de sorte que le cercle auxiliaire divisé, de centre O", est tangent à X'Y', comme dans la figure 27, mais cela n'est pas indispensable.

31. Troisième méthode : construction numérique. — Un autre moyen, très simple aussi, de trouver la position des lignes horaires du cadran horizontal, c'est de calculer l'angle au Centre C (fig. 19, 20) que fait avec le méridien SCN (ou ligne de XII h) chacune des lignes

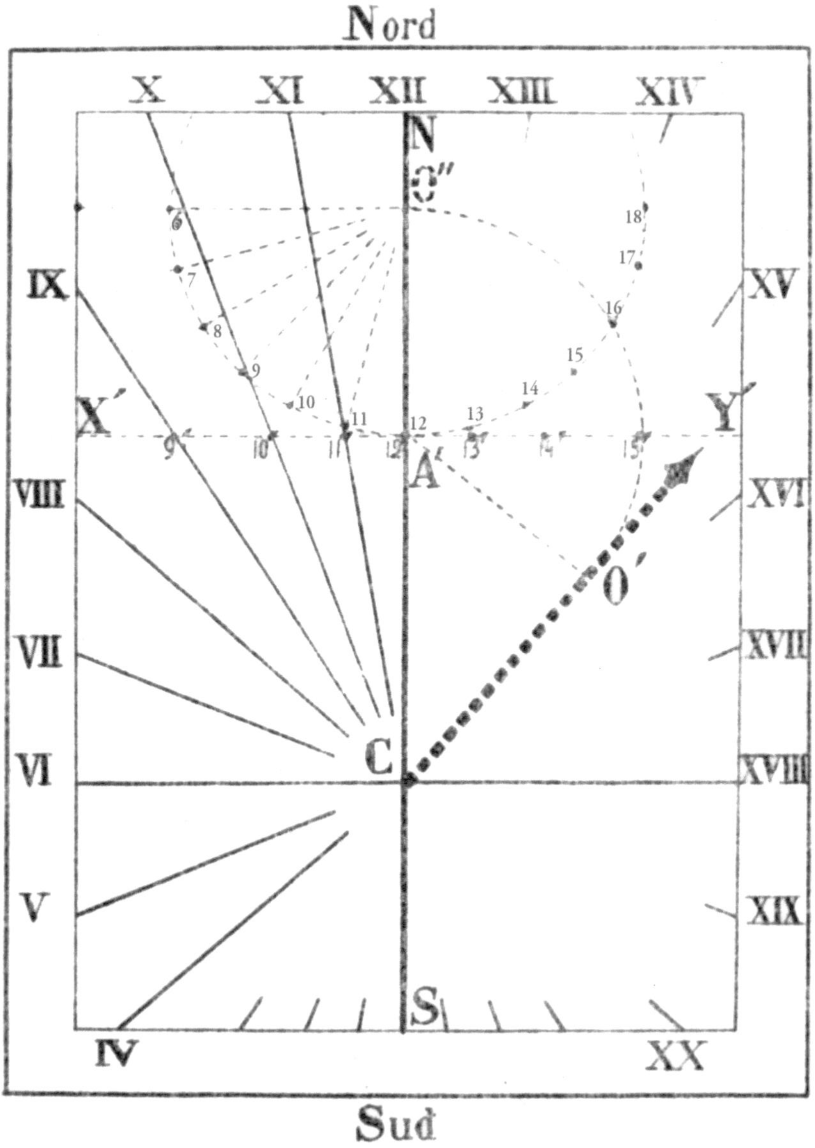

Fig. 27. — Construction du cadran horizontal au moyen d'un cadran équatorial auxiliaire, supposé rabattu sur la partie Nord de la Table. (Mise en épure de la figure 25.)

horaires, et de porter les valeurs obtenues sur la Table du cadran au moyen d'un rapporteur.

Pour calculer ces angles, considérons la sphère céleste de centre O (fig. 28), où :

- PZHP'NH est le méridien du lieu ;
- PP' l'axe du monde ;
- HBEH'B' l'horizon du lieu ;
- PABP' un cercle horaire quelconque, mais donné, dans lequel on suppose que se trouve le Soleil ; il fait avec le méridien un angle ZPA ou HP'B que nous désignerons par *AH* abréviation d'*angle horaire*.

Le plan horizontal HBEH'B' est le plan du cadran considéré, dont O est le centre, OH' la ligne de midi et OB' l'ombre du style correspondant à l'angle horaire *AH* du Soleil : c'est l'angle B'OH' qu'il s'agit de calculer.

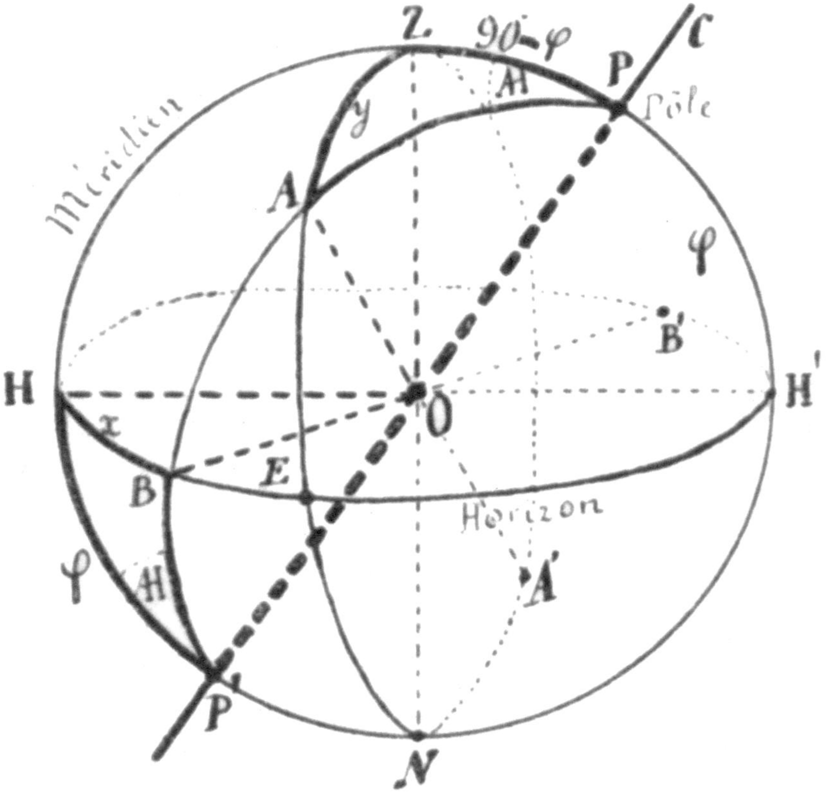

Fig. 28.

Cet angle est égal à HOB, et a pour mesure l'arc HB = *x* qui est ainsi l'inconnue cherchée. Or, dans le triangle sphérique HBP', rectangle en H, on connaît HP'= φ (latitude du lieu) et HP'B = *AH*. On a donc, pour une latitude quelconque φ :

$$\text{tang}\, x = \sin\varphi\ \text{tang}\, AH$$

En donnant à *AH* les valeurs I h ou 15°, 2 h ou 30°, .. ., on aura les angles cherchés pour les lignes XI h et XIII h, X h et XIV h, ... Avec les valeurs ½ h ou 7° 30', 1 h ½ ou 22° 30', ..., on aura les angles correspondant aux demi-heures ; etc.

Ces angles sont donnés dans la Table IV, p. 149, de demi-heure en demi-heure, et pour chaque degré de latitude entre 41° 10' et 50° 0', ce qui est suffisant pour toutes les latitudes de France. On voit, par exemple, que pour 47° 0' de latitude les lignes horaires de X h et de XIV h font un angle de 22° 53' avec la ligne de XII h.

Pour les latitudes intermédiaires, une règle proportionnelle donnera facilement les valeurs cherchées. La colonne de 48° 50' est relative à la latitude de Paris[16].

32. Les cadrans horizontaux étaient aussi très répandus autrefois, et généralement ils étaient assez petits. On les plaçait sur une fenêtre, sur une colonne dans un jardin, comme celui de la figure 29. Parfois on lui donnait la forme d'une élégante table de marbre ornée des attributs du Temps, etc. Le style, qui serait sujet à être faussé, est souvent remplacé par une plaque métallique terminée par un bord rectiligne dirigé suivant l'axe du monde ; dans ce cas c'est l'ombre de ce bord que l'on observe à la place de celle du style.

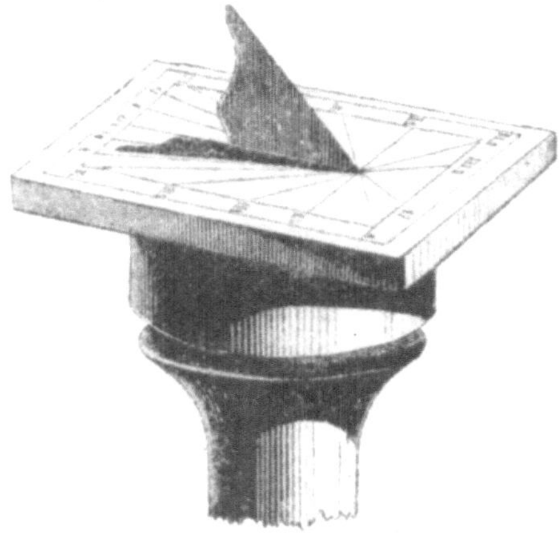

Fig. 29. – Cadran horizontal placé sur une colonne.

33. Dans les cadrans un peu grands, cette plaque doit être épaisse pour avoir la résistance voulue. Alors c'est l'arête supérieure Ouest qui porte ombre le matin et l'arête supérieure Est qui porte ombre le soir. Autrement dit

[16] On verra plus loin que la colonne 41° 10' correspond aussi à Paris, mais pour le cadran vertical non déclinant.

il y a deux Axes-Styles, et nous savons qu'ils doivent être parallèles. Ces deux arêtes étant à une distance très sensible, il faut en tenir compte dans le tracé des lignes. Cela revient à écarter les deux moitiés du cadran d'une quantité égale à cette épaisseur de la plaque.

34. On a construit aussi beaucoup de cadrans horizontaux portatifs, auxquels on donnait généralement la forme d'une boîte rectangulaire plate, et à couvercle, renfermant une boussole pour l'orientation. Le couvercle, retenu par une charnière, était, en avant, relié à la boîte par un fil qui, lorsqu'on relevait le couvercle, prenait l'inclinaison correspondant à la latitude. Après orientation, ce fil représentait donc l'axe du monde, et son ombre marquait les heures. Ces lignes horaires étaient tracées sur le contour de la boussole.

Parfois ces cadrans étaient à latitude variable. Pour cela, la partie supérieure du fil pouvait être abaissée plus ou moins. Alors le pourtour de la boussole était divisé en zones concentriques dont chacune portait le système de lignes horaires correspondant à l'une des inclinaisons du fil.

CHAPITRE IV

Cadrans solaires verticaux en général

35. Ces cadrans, tracés d'ordinaire sur des murs supposés verticaux, sont des plus communs, et l'on en distingue deux sortes suivant que le mur est perpendiculaire ou oblique au méridien. Ceux qui sont tracés sur un mur perpendiculaire au méridien (autrement dit situé dans le premier vertical) sont dits cadrans verticaux sans déclinaison ou encore non déclinants, et on les divise en méridionaux et septentrionaux suivant que le côté considéré du mur regarde le Sud ou le Nord.

Les cadrans tracés sur les murs verticaux obliques au méridien sont, suivant une ancienne expression, des cadrans verticaux déclinants ; ils comprennent le cas particulier d'un mur dirigé suivant le méridien, et alors le cadran vertical déclinant est dit oriental si le mur regarde le levant, occidental s'il regarde le couchant.

Le Tableau suivant résume ces diverses distinctions :

Cadrans solaires *verticaux*.	Cadrans *sans déclinaison* ou non déclinants.	Cadrans *méridionaux* ou directement méridionaux.
		Cadrans *septentrionaux* ou directement septentrionaux.
	Cadrans *déclinants*.	Cadrans *déclinants* en général.
		Cadrans *orientaux*.
		Cadrans *occidentaux*.

Nous supposons connue l'orientation du mur des cadrans déclinants, nous la définissons par la déclinaison azimutale D*a* (Voir p. 131).

36. Indiquons immédiatement une propriété générale ou commune de tous les cadrans verticaux :

La ligne de 12 h ou de midi est toujours verticale.

En effet, elle est l'intersection du plan du cadran (ou Table) avec le méridien ; ces deux plans étant l'un et l'autre perpendiculaires à l'horizon, il en est de même de leur intersection.

Méthodes générales pour la construction des cadrans verticaux.

37. Ces méthodes sont celles dans lesquelles on emploie d'autres cadrans plus simples, déjà réalisés pour la latitude du lieu et portatifs. Elles se rattachent donc à la méthode générale déjà indiquée (**19**) et sont analogues à la première que nous avons employée pour le cadran horizontal ; elles sont au nombre de deux, l'une employant un cadran équatorial et l'autre un cadran horizontal.

Première méthode générale : *Avec un cadran équatorial réalisé et portatif.* — Cette méthode est identique à celle que nous avons employée en premier lieu pour le cadran horizontal.

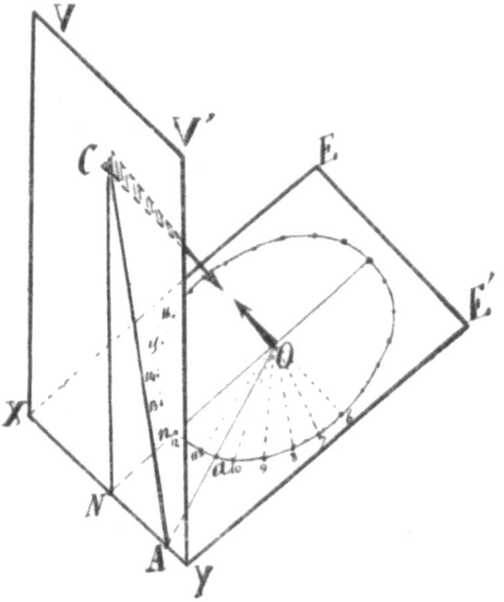

Fig. 30. Construction du cadran vertical non déclinant au moyen d'un cadran équatorial auxiliaire. (Figure dans l'espace.)

Soient (fig. 30) XVV'Y le mur vertical sur lequel on veut tracer le cadran, C le Centre choisi et CO son axe-style.

Menons la verticale CN passant par C : c'est la trace du méridien du lieu sur le mur et aussi la ligne de XII h (**36**). Devant le mur plaçons un cadran équatorial XEE'Y, de manière que le style passe par son centre O et que sa ligne de XII h prolongée vienne passer en N.

Alors il suffira de prolonger chaque ligne

horaire du cadran équatorial, O*a* par exemple, jusqu'à sa rencontre A avec XY, et en tirant CA on aura la ligne horaire correspondante du cadran à construire.

38. **Seconde méthode générale** : *Avec un cadran horizontal réalisé et portatif.* — On placera ce cadran horizontal devant le mur, de manière que le prolongement de son axe-style passe par le Centre du cadran vertical à construire et que la ligne de XII h du cadran horizontal passe par N : les lignes horaires du cadran horizontal, prolongées jusqu'à XY, donneront encore des points qui, joints à C, seront les lignes horaires demandées.

Comme les cadrans verticaux comportent ordinairement de plus grandes dimensions que les cadrans équatoriaux ou horizontaux, on n'obtient pas ainsi toute la précision possible ; aussi aux deux méthodes générales précédentes on préfère des méthodes basées sur les mêmes principes, mais où le cadran auxiliaire n'est pas réalisé ; nous considérons successivement leur application aux *Cadrans verticaux non déclinants* et aux *Cadrans verticaux déclinants.*

CHAPITRE V

Cadrans verticaux non déclinants

39. Première méthode : *Construction, par une épure, basée sur le cadran équatorial.* — Cette méthode est la mise en épure, par un rabattement, de la figure 30, où XVV'Y est la Table du cadran à construire, dirigée exactement Est-Ouest par hypothèse ; CO est son style dirigé vers le pôle. La considération d'un cadran équatorial auxiliaire permet de tracer les lignes horaires en procédant comme pour le cadran horizontal.

On connaît immédiatement la ligne de XII h, qui est la verticale CN (fig. 30). Pour trouver les autres, par le point quelconque O du style menons le plan XEE'Y perpendiculaire à ce style ; ce plan est parallèle à l'équateur et peut recevoir le cadran équinoxial *n*O*a*. Le plan XVV'Y étant perpendiculaire au méridien par hypothèse, l'intersection XY est horizontale et parallèle à la ligne VI h - XVIII h du cadran équinoxial.

Tirons ON : cette ligne est celle de XII h du cadran équatorial.

Prolongeons de même une autre ligne horaire quelconque O*a* du cadran équatorial jusqu'à XY, en A : CA est la ligne horaire correspondante du cadran à construire.

40. Pour éviter les constructions dans l'espace, procédons à un rabattement du cadran équatorial sur le plan de la Table, supposé celui de la figure 31.

Par le centre donné C du cadran à construire, menons la verticale CA' (qui sera la ligne de XII h) et la ligne CO' qui fasse avec CA' un angle égal à celui du style avec le plan de la Table, ou 90° - φ : CO' sera la position que prend le style après le rabattement du plan méridien, autour de CA', sur le plan de la Table.

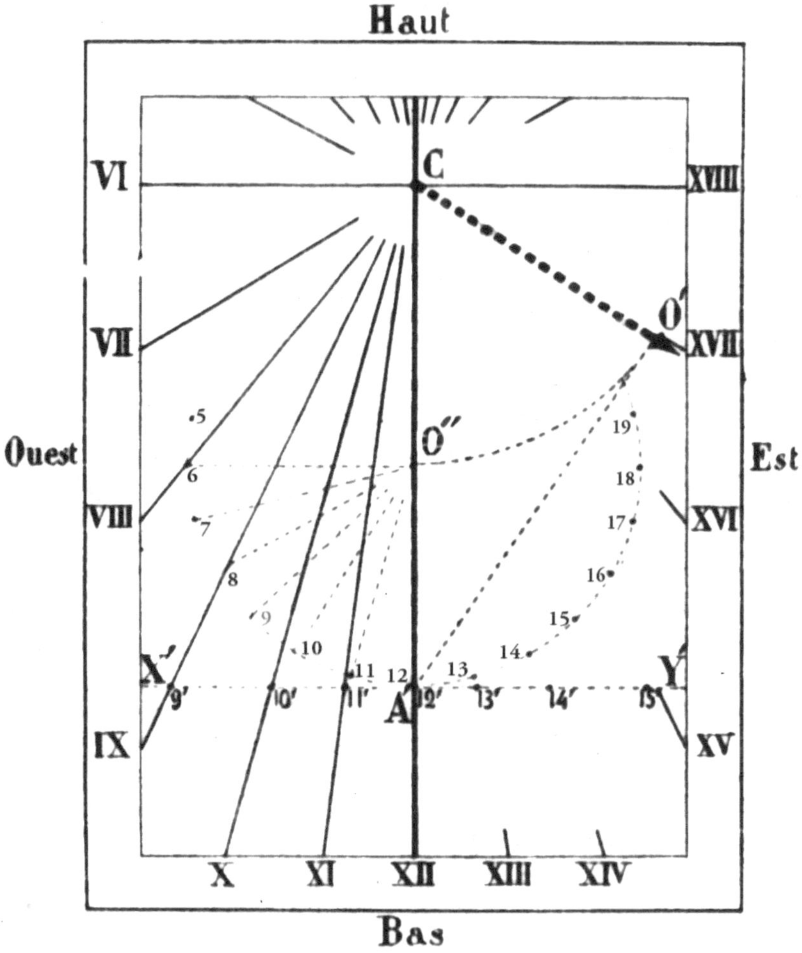

Fig. 31. — Construction du cadran vertical et méridional non déclinant au moyen d'un cadran équatorial auxiliaire. (Mise en épure de la figure 30).

Imaginons que par un point quelconque O de l'axe-style on ait mené un plan perpendiculaire à ce style : ce plan est l'équateur de la sphère auxiliaire et nous y tracerons le cadran équatorial auxiliaire.

Comme pour la construction du cadran horizontal (**26**, **28**), tout revient à déterminer la position O'' du point O, arbitrairement choisi sur l'axe, après le rabattement : sa distance au point C est le côté CO' du triangle rectangle CO'A', où CA' est arbitraire et où l'angle A'CO' est égal à celui du style avec le mur, c'est-à-dire au complément de la latitude.

Remarque. — On pourrait mettre de même en épure l'emploi du cadran horizontal (**38**), mais cette méthode, moins directe que la précédente, ne présente aucun avantage.

41. **Seconde méthode.** *Construction numérique.* — On pourra aussi calculer les angles que font les lignes horaires avec la verticale ou ligne de XII h, et les tracer au moyen d'un rapporteur.

Calculons d'abord ces angles

Dans la figure 28 (**31**) soit ZAENA' le premier vertical, qui est aussi par hypothèse le plan de la Table ; il s'agit de calculer l'angle NOA' que fait l'ombre OA' (correspondant à la position du Soleil supposé dans le cercle horaire PABP') avec l'ombre de midi, qui est la verticale ON.

Cet angle NOA' est égal à ZOA, mesuré lui-même par l'arc ZA = γ. Dans le triangle sphérique PZA, rectangle en Z, on connaît PZ complément de la latitude φ, et l'on se donne ZPA = *AH*. On a donc

$$\tan \gamma = \sin (90° - \varphi) \tan AH.$$

C'est la même formule que pour le cadran horizontal (**31**) et, par suite, la même table numérique (Table IV, p. 149), dans laquelle l'argument horizontal est non plus la latitude mais son complément $90° - \varphi$.

Par exemple, pour Paris, on trouvera les angles cherchés dans la colonne correspondant à la différence 90° – 48° 50' ou 41° 10'. Et de même pour toute autre latitude.

Tout cela s'applique aux cadrans septentrionaux comme aux cadrans méridionaux ; ce qui change seulement de l'un à l'autre, c'est le sens de la chiffraison, exactement comme on a vu (**17**) pour les cadrans équatoriaux.

Remarque. — Au lieu d'une tige CO' (fig. 31), on pourra prendre pour axe-style l'arête d'une plaque métallique, et alors on aura à considérer deux arêtes séparées par l'épaisseur de la plaque. On devra avoir égard à cette épaisseur, comme dans le cas du Cadran horizontal (fig. 19). Parfois même on place les deux moitiés du Cadran à une assez grande distance l'une de l'autre et l'on donne à chacune un axe-style : on peut voir un tel cadran dans la Cour d'Honneur des Invalides, à Paris, sur la face Nord : les deux moitiés du Cadran sont séparées par une large porte.

CHAPITRE VI

Cadrans verticaux déclinants

Définition

42. Les cadrans verticaux déclinants, ordinairement tracés sur des murs dont on a vérifié la verticalité, sont les plus répandus. Us sont aussi presque les seuls auxquels on puisse donner d'assez grandes dimensions pour être bien précis.

Pour les tracer, on a imaginé des méthodes assez nombreuses. Mais on rencontre ici, dès le début, une difficulté qui se présente à peine dans les cadrans que nous avons déjà étudiés : c'est de donner au style sa bonne orientation[17], quand on veut le faire coïncider avec l'axe.

Nous devons donc indiquer le moyen de tourner cette difficulté, c'est-à-dire montrer comment on détermine la direction de l'axe, qui d'ailleurs peut être fictif[18].

---

[17] Cette difficulté est évitée par l'emploi de certaines méthodes indiquées plus loin ; mais en réalité elles ne donnent pas toujours l'orientation du style avec toute la précision que l'on peut atteindre avec les grands cadrans.

[18] Signalons immédiatement qu'il existe une méthode générale et simple pour tracer les lignes horaires d'un cadran quelconque, quand le style est placé ; elle exige seulement que l'on dispose d'un garde-temps dont l'état, la correction (avance ou retard) soit connu. Alors on marque d'heure en heure, par exemple, la position de l'ombre de l'axe-style, et l'on joint les points obtenus au Centre. Nous reviendrons sur cette méthode générale (81, p. 82)
Dans le cas où ce Centre serait inconnu, inaccessible, etc., il suffirait de répéter l'opération à deux époques convenables de l''année, comme vers le solstice d'été et vers le solstice d'hiver ; on aurait ainsi deux points de chaque ligne horaire ; il suffirait donc de les joindre.
La méthode s'applique évidemment à toutes les lignes horaires, comme, par exemple de demi-heure en demi-heure, etc.

I. – Sous-stylaire. Définitions diverses.

43. Soient (fig. 32) :

CMP le mur ou Table du Cadran considéré, dont on connaît la déclinaison azimutale Da (voir p. 167) ;

C son Centre ;

CO son Axe-Style, réel ou fictif, parallèle à l'axe du monde.

Avec un fil à plomb, menons la verticale CM du Centre C ; et, d'un point quelconque O du Style ou de son prolongement, abaissons OP perpendiculaire au plan du cadran ; enfin, joignons par une droite les points C et P.

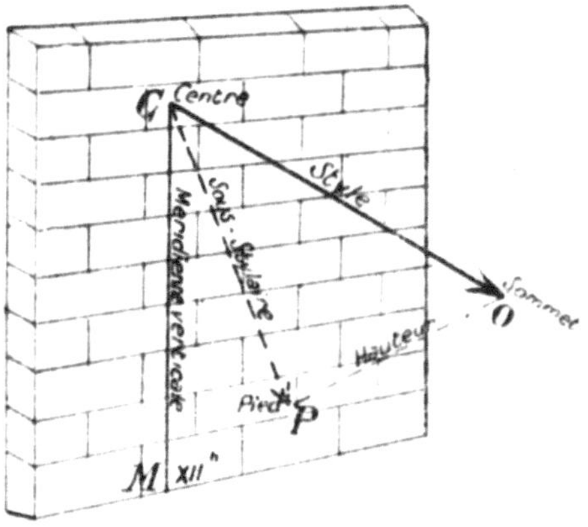

Fig. 32. – Définitions diverses.

Les lignes CP, OP, .. ., que l'on a souvent à considérer, ont reçu les noms spéciaux suivants :

CP, projection rectangulaire de l'Axe-Style sur le plan de la Table, est appelée la *Sous-stylaire* ; plus rarement on lui donne le nom de *Méridienne du plan.*

La ligne OP, perpendiculaire au plan de la Table, est appelée le *Style droit* correspondant au point O, choisi, nous l'avons dit, arbitrairement sur l'axe. Le point O est le *Sommet* de ce style droit et P en est le *Pied.*

En outre, on emploie souvent les dénominations suivantes, dont certaines prêtent quelque peu à l'équivoque et dont nous éviterons de faire usage :

– Le *Vertical du cadran* est le plan vertical mené par OP, (il n'est pas marqué sur la figure.)

– Le *Méridien du cadran* est le cercle horaire mené par OP, c'est-à-dire le plan COP.

– La *Hauteur du pôle* (ou *hauteur du Style*) *sur le plan du cadran* est l'angle OC P de l'axe-style avec la sous-stylaire. Il est d'ailleurs évident que, puisque OP est la plus courte distance de O au plan du cadran, cet angle OCP est le plus petit de ceux que forme le Style avec toute droite menée par le Centre C dans le plan de la Table.

44. Remarque. — Dans un Cadran solaire, un style droit est généralement un organe temporaire, un auxiliaire de construction et, quand nous aurons à l'employer, il ne sera nécessaire de considérer que son sommet O et son pied P ; aussi n'est-il pas indispensable que ce style droit soit une tige rectiligne OP plantée en P. Nous verrons plus loin (**118**) la forme qu'on lui donne pour la pratique.

Détermination de la Sous-stylaire.

45. Soient dans l'espace, c'est-à-dire vus en perspective (fig. 33) ;
VXYV' la Table du Cadran;
C son Centre.
Ils sont donnés l'un l'autre.

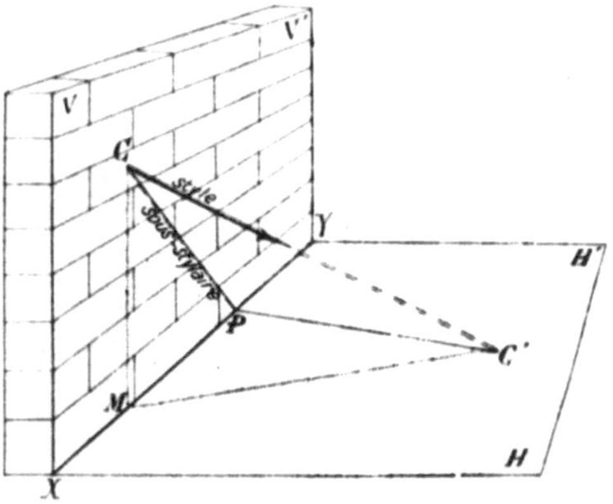

Fig. 33. – Tracé de la sous-stylaire. Figure dans l'espace.

À une hauteur quelconque, menons un plan horizontal HXYH' qui coupe la Table suivant l'horizontale X Y ; et soit C' le point où le style, prolongé au besoin, rencontre ce plan horizontal HXYH'.

Menons, avec le fil à plomb, la verticale CM du Centre C, et joignons M à C'. Le plan CMC', qui contient l'axe du monde CC' et la verticale CM est, par définition, le plan méridien du point C ; CM en est la méridienne verticale et C'M la méridienne horizontale. Dans le triangle CMC', rectangle en M, l'angle CC'M est la hauteur du pôle, c'est-à-dire la latitude φ ; et par suite l'angle MCC' son complément, égale 90° - φ.

Imaginons que de C' on abaisse C'P perpendiculaire à l'intersection XY des deux plans, et que l'on joigne C à P : je dis que CP est la sous-stylaire du style CC'. Pour le démontrer, il suffit (**43**) de faire voir que C'P est perpendiculaire au plan VXYV' du cadran.

Or, quand deux plans, tels que VXYV' et HXYH' sont à angle droit, toute droite, telle que C'P, située dans l'un d'eux et perpendiculaire à leur intersection XY, est perpendiculaire à l'autre plan. C'P étant perpendiculaire à XY est donc perpendiculaire au plan du cadran, et par suite P est un point de la sous-stylaire ; comme celle-ci passe toujours par le Centre (**43**), CP est la sous-stylaire cherchée.

46. Tracé graphique de la sous-stylaire. — Certaines méthodes employées pour la construction des cadrans solaires verticaux déclinants exigent que l'on marque, au moins temporairement, la position de la sous-stylaire sur le plan du cadran.

C'est ce qu'on peut faire graphiquement par une épure, telle que celle de la figure 34, qui réalise sur un plan les constructions de la figure 33 de l'espace, et qui permet de construire l'angle MCP.

Prenons le plan du papier à la fois pour celui du mur ou Table et pour plan vertical de projection. Du centre donné *c* (fig. 34) menons la verticale *cm* et en un point quelconque *m*, la droite *xy* perpendiculaire à *cm*.

Imaginons que l'on rabatte le triangle connu CMC' autour de CM (fig. 33), sur le plan vertical : on aura la position du style sur l'épure de la figure 34 en tirant la droite *cc"* telle que l'angle qu'elle fait en *c* avec *cm* soit égal à la quantité connue 90° - φ ; de sorte qu'ainsi *cmc"* est le triangle CMC' rabattu.

La déclinaison azimutale D*a* du mur étant supposée connue, il en est de même de l'angle YMC', de sorte que sur l'épure nous pouvons tracer la méridienne horizontale MC', soit *mc'*.

Prenons, à partir de *m* sur cette méridienne *mc'*, une longueur *mc'*, égale à *mc"* : *c'* est le point où le style perce le plan horizontal. Menons *c'p* (fig. 34) perpendiculaire à *xy* : d'après ce qu'on vient de voir (**43, 45**), *cp* est la sous-stylaire, et l'angle *mcp* est, en vraie grandeur, l'angle MCP cherché que fait cette sous-stylaire CP (fig. 33) avec CM ; comme CM est connu, on pourra tracer CP sur le plan de la Table.

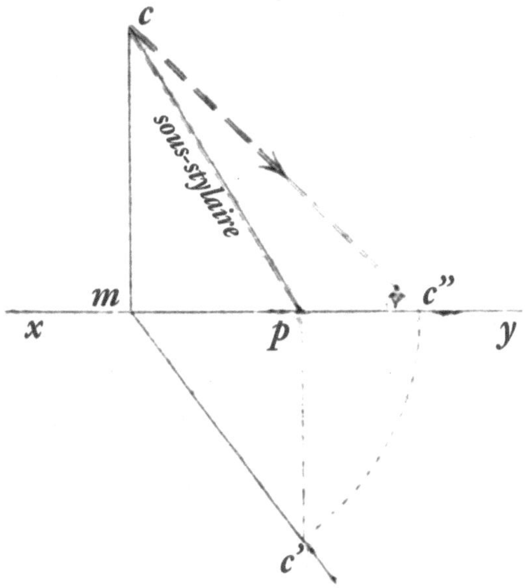

Fig. 34. – Tracé de la sous-stylaire (épure de la fig. 33).

47. Remarque. — La droite horizontale *xy*, comme d'ailleurs XY, a été menée à une hauteur quelconque et nous avons directement obtenu le point *p* de la sous-stylaire.

Si nous en menions une seconde x_1y_1 (qui n'est pas tracée sur la figure, non plus que p_1), nous obtiendrions de même un second pied p_1, par suite, connaissant les deux points *p* et p_1 de la sous-stylaire, nous pourrions la tracer sans connaître le Centre C : cela nous sera utile pour les cadrans dont le Centre est inaccessible.

48. Tracé de la sous-stylaire par l'ombre minima d'un style droit. — En un point quelconque P de la Table donnée VXYV' (fig. 35), fixons un style droit (**43**) dont P soit le pied et O le sommet, c'est-à-dire un point situé sur la perpendiculaire[19] au mur au point P.

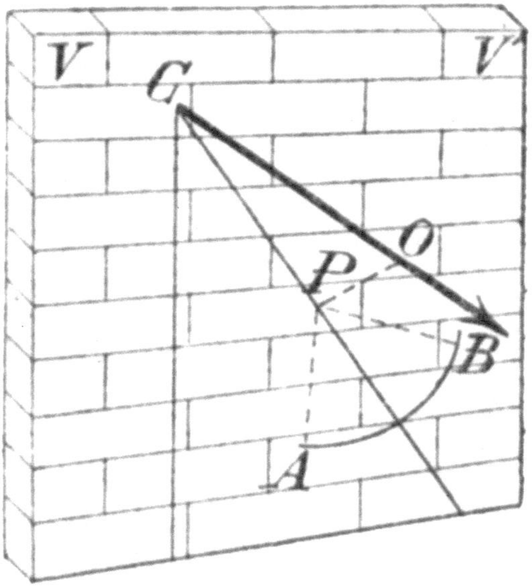

Fig. 35. — Tracé de la sous-stylaire : 1° par l'ombre minima d'un style droit, 2° par deux ombres égales du même style.

Imaginons que par O, ainsi déterminé, on fasse pisser une parallèle à l'axe du monde.

Quoi qu'il en soit, la longueur de l'ombre de ce style droit, réel ou fictif (c'est-à-dire la distance de P à l'ombre de O), varie d'un moment à l'autre du jour, uniquement[20] par suite de la variation d'inclinaison du plan horaire du Soleil sur le plan du mur ; et elle est évidemment minima quand ce cercle horaire est perpendiculaire au mur, c'est-à-dire devient OPC, que l'on appelle parfois, comme on sait (**43**), le méridien du cadran.

[19] On pourra s'assurer qu'il en est ainsi par divers moyens, par exemple avec une simple équerre. Lorsqu'on veut employer un style droit fort long, afin d'augmenter l'exactitude, on peut aussi appliquer une glace contre le mur et, plaçant l'œil en O, marquer sur la glace le point P où l'on aperçoit l'image de l'œil, puis le reporter sur le mur.

[20] Nous supposons que la déclinaison du Soleil ne varie pas dans l'intervalle des observations, ce qui est vrai dans la limite de la précision que l'on peut atteindre.

Cette ombre minima se trouve donc aussi dans le plan OPC, et par suite est dirigée ou suivant PC, ou en sens inverse, suivant son prolongement, selon la déclinaison du Soleil.

Ainsi la longueur minima de l'ombre du style droit donne la direction de la sous-stylaire et, par suite, permet de la tracer sur la Table.

Le point P ayant été pris quelconque, la sous-stylaire répondra à un centre quelconque C (fig. 35) et non au centre choisi C' (fig. 36) ; mais il suffira de mener par C' une parallèle à la sous-stylaire qui correspond à C pour avoir celle du centre choisi C'.

Il est à noter aussi que ce moyen dispense de connaître la déclinaison azimutale du mur.

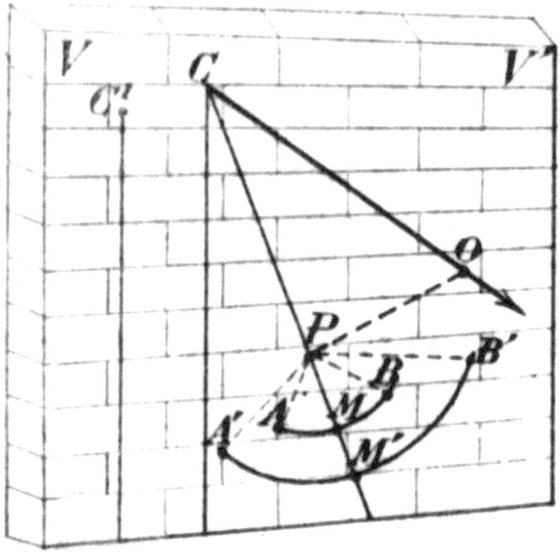

Fig. 36. – Tracé de la sous-stylaire par des ombres égales sur plusieurs circonférences concentriques au pied P.

49. Tracé de la sous-stylaire par deux ombres égales d'un style droit. — Au voisinage de sa valeur minima, la longueur de l'ombre du style droit varie lentement ; aussi le moyen précédent pour déterminer la sous-stylaire manque de précision.

Un autre moyen plus exact est fourni par l'observation de deux ombres égales.

Considérons (fig. 35) deux cercles horaires du Soleil placés symétriquement de part et d'autre du plan COP : les ombres correspondantes PA, PB sont égales parce que l'inclinaison du cercle horaire du Soleil sur le plan du mur est la même et que l'astre s'est déplacé dans un plan perpendiculaire à l'arête du dièdre formé par ces deux plans horaires.

De là résulte un moyen de trouver l'ombre minima de direction CP, en procédant de la même manière que pour tracer la méridienne au moyen d'un gnomon (4) : autour de P comme centre, et avec un rayon convenable, traçons un arc de circonférence AB et marquons les points A, B, où l'ombre du point O tombe sur cette circonférence : le milieu de l'arc AB, joint au point P, est la sous-stylaire demandée du centre C.

Pour augmenter la précision et la commodité, au lieu d'un seul arc de circonférence AB, on peut en tracer plusieurs (fig. 36) et prendre les milieux des divers arcs, exactement comme dans le cas du gnomon. La précision sera en raison de la longueur du style droit, pourvu qu'on ait pris les dispositions nécessaires (**4**) pour avoir une ombre nette du point O.

50. Remarque. — On appelle équinoxiale d'un cadran considéré, l'intersection de la Table de ce cadran avec un plan parallèle à l'équateur. Cela posé, la figure 35 permet de démontrer cette propriété importante de la sous-stylaire :

La sous-stylaire est perpendiculaire à l'équinoxiale.

En effet, le plan OPC (méridien du cadran) est :

1°. perpendiculaire à l'équateur, car il contient le style CO, axe du monde ;

2°. perpendiculaire au plan du Cadran ou Table, parce qu'il est mené par OP normale à cette Table.

L'intersection de ces derniers plans (équateur et Table) est donc perpendiculaire au plan OPC et par suite à PC ; or cette intersection est, par définition, l'équinoxiale du cadran.

51. Détermination de la sous-stylaire par le calcul. — Nous avons (**46**) construit graphiquement l'angle MCP (fig. 33) que la sous-stylaire CP fait avec la verticale CM du Centre C. Comme on peut préférer le calcul à la construction graphique, établissons l'expression de cet angle, que nous appellerons St.

Les trois plans MCO (méridien du lieu), MCP (plan de la Table) et PCO (méridien du cadran) (fig. 37) forment un trièdre qui coupe une sphère de centre C et de rayon arbitraire CM = CP = CO suivant le triangle sphérique MPO, rectangle en P, de sorte que MO en est l'hypoténuse. Celle-ci est d'ailleurs connue, car elle égale $90° - \varphi$.

L'angle OMP est connu aussi, car cet angle n'est autre que le complément de la déclinaison azimutale du mur ou Table MCP par rapport au premier vertical, lequel est à 90° du méridien MCO, supposé donné ; nous avons désigné cet angle OMP par D*a* (voir p. 131).

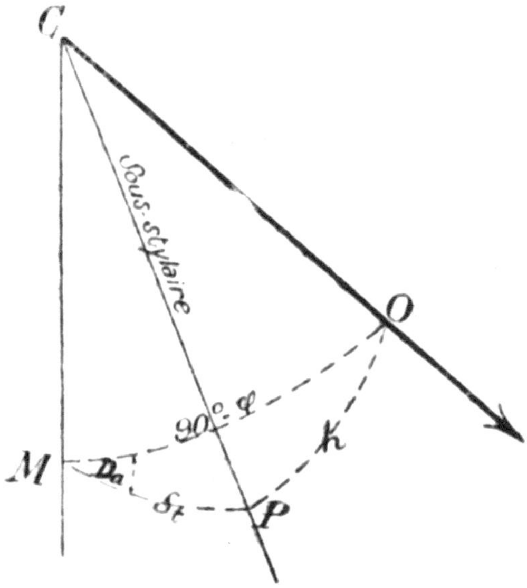

Fig. 37.

Dans ce triangle MPO on peut donc calculer l'angle cherché MCP = St ainsi que l'angle PCO ou arc PO, que nous désignerons par *h*, parce que c'est la hauteur de l'axe-style sur le plan de la Table (**43**). On a, par les formules ordinaires :

tang St = cot φ cos D*a*
sin h = cos φ sin D*a*

Connaissant ainsi St, et CM étant connu aussi en direction, on pourra donc tracer la sous-stylaire CP sur le plan du Cadran (fig. 33).

52. La Table II (voir plus loin. p. 184-185) pourra éviter ce calcul, car elle donne cet angle St de degré en degré pour les latitudes comprises entre 42° et 51° (et aussi pour la latitude de Paris, 48° 51') et pour les déclinaisons azimutales de 2° en 2°, entre o° et 70°.

Au-delà de 70° le centre est très éloigné, inaccessible, et il faut avoir recours à d'autres moyens.

Par une interpolation, avec laquelle chacun se familiarisera rapidement (voir des exemples p. 124...), cette Table donnera la valeur cherchée de St pour une latitude et une déclinaison azimutale intermédiaires.

53. Remarque. — Connaissant l'angle St de la sous-stylaire avec la verticale CM, on connaît aussi celui (90° − St) qu'elle fait avec une horizontale de la Table.

Soit XY (fig. 33) ou *xy* (fig. 34) une telle horizontale : en un point quelconque de XY ou de *xy* on peut donc tracer une parallèle à la sous-stylaire, au moyen de cet angle 90° − St.

54. Détermination de la hauteur *h* du pôle sur le plan du cadran. — Cette hauteur est l'arc PO = *h* de la figure 37, et elle est donnée par les formules précédentes (**51**).

La Table III (voir p. 147-148) donne cette hauteur également de 2° en 2° de déclinaison azimutale, entre o° et 70°, et pour chaque degré de latitude entre 42⁰ et 51°. En outre elle donne directement cette hauteur pour la latitude 48° 51' qui est celle de Paris.

Pour les déclinaisons azimutales et pour les latitudes intermédiaires, cette hauteur sera obtenue par interpolation, comme pour la Table III (**52**).

II. — Orientation de l'axe-style dans les cadrans verticaux déclinants à centre accessible.

55. Nous pouvons procéder maintenant à l'opération la plus délicate que l'on rencontre dans la construction des grands cadrans verticaux déclinants, et dont dépend essentiellement l'exactitude, savoir : la bonne orientation à donner au style.

Première méthode. — *Par un point d'ombre à midi vrai et la réalisation du complément de la latitude.* — Nous avons eu plusieurs fois (**45** . .) l'occasion de dire que dans le triangle CMC' (fig. 33, p. 64) rectangle en M, l'angle en C' est égal à la hauteur du pôle ou à la latitude φ, et que par suite l'angle en C est égal à 90⁰ - φ.

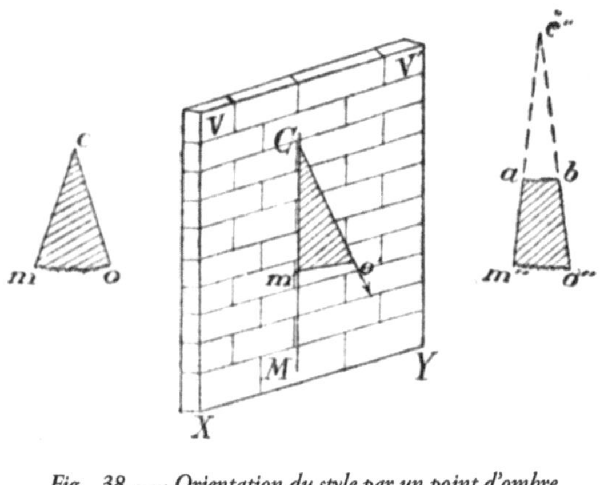

Fig. 38. — Orientation du style par un point d'ombre à midi vrai.

Avec le fil à plomb tirons la verticale CM (fig. 38) du centre donné C, puis réalisons à part, en carton ou en bois, le triangle auxiliaire *cmo* représenté sur la gauche de la figure, et de longueur arbitraire, mais dont l'angle en *c* soit égal à 90⁰ - φ. Portons ce triangle auxiliaire contre le mur en appliquant le côté *cm* sur CM, le point *c* étant en C, de sorte que le triangle auxiliaire *cmo* prenne la position C*m'o'*

Ensuite, un peu avant midi, faisons tourner lentement ce triangle autour de C*m*', de manière à le tenir vers le Soleil ; enfin marquons la position qu'occupe ce triangle quand, à midi vrai, son ombre se réduit à C*m'* : dans cette position, la direction du côté C*o'* est celle que doit avoir le style.

56. Seconde méthode. — *Au moyen de la sous-stylaire et de la hauteur h du style sur le plan du cadran.* — Nous pouvons supposer la position de la sous-stylaire connue par l'un des procédés que nous avons indiqués précédemment (**45**, **46**...), et aussi la hauteur *h* du style sur le plan du cadran (**51**).

Soient sur la Table (fig. 39) CM et CP la verticale et la sous-stylaire.

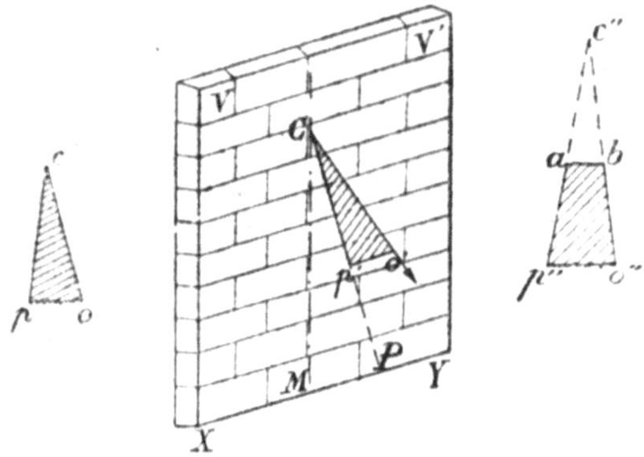

Fig. 39. – Orientation du style par la sous-stylaire et la hauteur h.

Réalisons en carton ou en bois un triangle auxiliaire indéfini *cpo* (représenté à gauche de la figure 39) et dont l'angle en *c* soit égal à *h*. On appuiera ce triangle auxiliaire sur le mur, le côté *cp* placé suivant la sous-stylaire et le point *c* étant en C. On placera ce triangle dans un plan perpendiculaire à la Table (ce que l'on peut faire avec une simple équerre) et alors la direction C*o'* prise par le côté *co* sera la direction même de l'axe-style.

57. Troisième méthode. — *Au moyen d'un style droit.* — Traçons encore la sous-stylaire sur la Table et en un de ses points prenons le pied d'un style droit ; puis déterminons la longueur de ce style. Cela fait, on le réalisera au moyen d'une équerre double (voir p. 17,122), comme dans la figure 40, où CS est la sous-stylaire, P le pied du style droit et PA sa longueur.

58. Quatrième méthode. — *Par la détermination directe de l'équateur.* — Si l'on peut opérer au jour d'un équinoxe (ce qui rend l'emploi de la méthode assez exceptionnel), jour où le Soleil parcourt l'équateur, on prendra une planchette et l'on cherchera la position telle que, pendant toute la journée, le Soleil ne l'éclaire pas par les

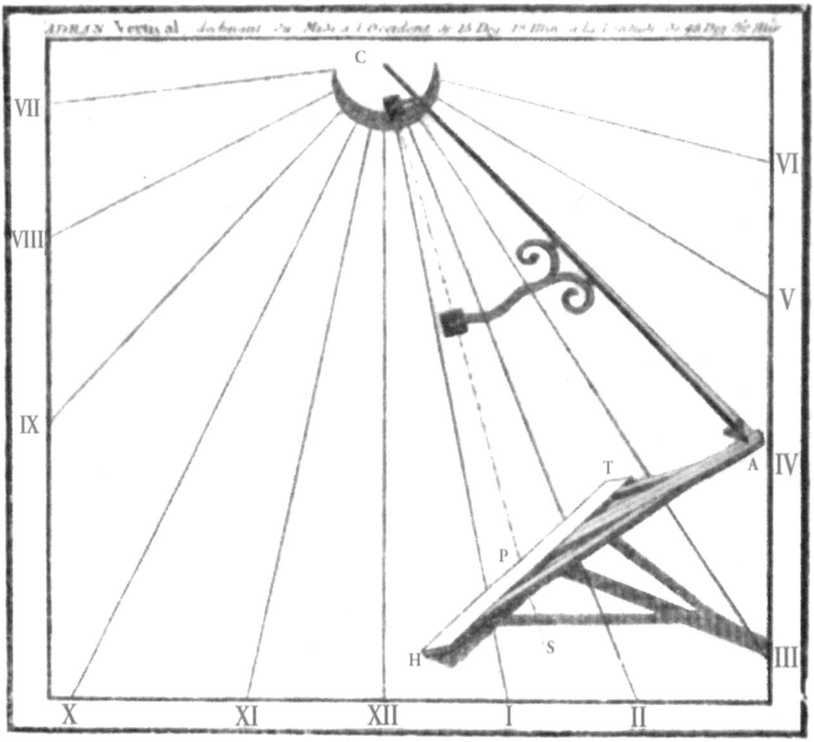

Fig. 40.

faces, mais seulement par la tranche. Alors toute perpendiculaire à la planchette donne la direction de l'axe-style.

Pour opérer commodément, on pourrait fixer la planchette avec des charnières suivant l'équinoxiale (**50**) : on n'aurait plus alors qu'à modifier son inclinaison autour des charnières.

On pourra même appliquer la méthode en dehors des équinoxes en élevant un style perpendiculairement à la planchette et procédant comme avec le cadran équatorial (**18**).

III. — Orientation de l'axe-style dans les cadrans verticaux déclinants à centre inaccessible, ou situé hors du cadran.

59. Lorsque le mur a une forte déclinaison azimutale, c'est-à-dire se rapproche de la direction du méridien, de la direction Nord-Sud, l'axe-style lui est très oblique ; si donc on veut que ce style soit un peu éloigné du mur, afin que le cadran ne soit pas trop petit, il va rencontrer ce mur très loin, autrement dit, le Centre se trouve très éloigné, même parfois en dehors du mur. Alors les méthodes qui viennent d'être indiquées pour orienter l'axe-style ne s'appliquent plus ; en outre, pour le tracé des lignes horaires il faut employer aussi des méthodes différentes. Nous verrons plus loin (**62**...) comment, pour orienter le style, on peut procéder dans ce cas, qui rentre dans celui plus général des cadrans dépourvus de Centre[21].

D'autres fois, par exemple dans le cas où l'on veut employer toute la place disponible pour construire un cadran de grandes dimensions, etc., on peut se dispenser de conserver le Centre, qui alors n'est plus qu'un point auxiliaire, momentané, comme dans le cas du Cadran de la figure 11 : c'est là un autre cas de Cadran dépourvu de Centre, assez pratique d'ailleurs[22]en ce qu'on y évite l'opération délicate du scellement du style (voir p. 82).

60. 1° Cas ou le centre est hors du cadran, mais accessible. — Installons sur trois pieds par exemple, comme dans la figure 11, ou sur une seule tige quelconque, comme dans la figure 41, la plaque dont le trou O (œil) est un des points de l'axe-style fictif, qu'il faut imaginer rectiligne et allant de ce trou au Centre. Celui-ci n'est pas connu, et la question à résoudre est précisément de le déterminer.

Pour cela, nous supposons que l'on ait une montre ou une horloge réglée (par exemple par les passages du Soleil à une méridienne), c'est-à-dire dont on connaît ainsi l'avance ou le retard.

Au moment du midi vrai, marquons sur le mur l'ombre O' du trou O, et par le point O' menons, avec le fil à plomb, la verticale indéfinie MO'C : nous savons que le Centre cherché C se trouve sur cette verticale, mais en un point inconnu. Pour le déterminer, il suffit par exemple de trouver sa distance au point connu O'.

À cet effet, notons que le triangle COO' (fig. 41) est déterminé, de sorte qu'on peut le construire ou le calculer, car nous pouvons mesurer la longueur OO' et nous connaissons l'angle en C, égal à 90^0 - φ, ainsi que l'angle en O' : celui-ci est égal à $\zeta_\odot$, la distance zénithale *méridienne*,

[21] Cette expression est ambiguë et peut amener une confusion avec certains cadrans qui, en effet, n'ont pas de centre unique, comme les cadrans azimutaux, dont il sera question plus loin (p. 112).

[22] Comme on dispose arbitrairement de la place de la plaque percée, destinée à servir de style, on aura soin de l'écarter du mur de façon qu'au solstice d'été l'image solaire tombe dans l'enceinte réservée au Cadran, mais près de l'horizontale qui le termine vers le bas.

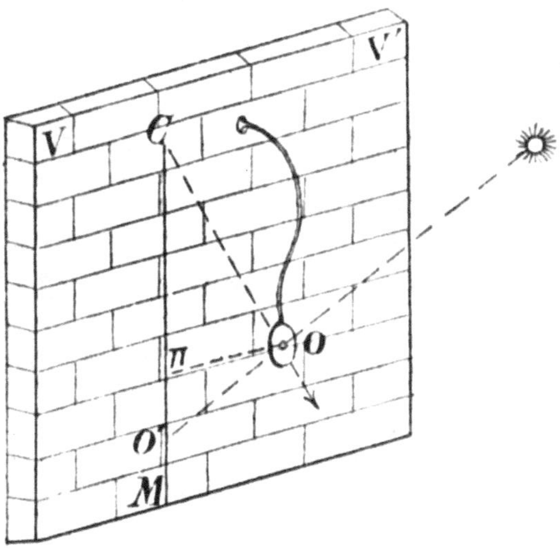

Fig. 41. — Détermination du Centre C, supposeé éloigné en raison de la forte déclinaison azimutale de la Table.

du Soleil, distance zénithale que l'on déduit immédiatement de la latitude φ du lieu et des données de la *Connaissance des Temps*[23]. Au besoin on pourrait d'ailleurs le mesurer.

On peut donc réaliser ce triangle COO', et mesurer ainsi CO', ce qui donnera le point C ; d'ailleurs on ne le marquera que provisoirement, puisqu'il est supposé hors des limites de la Table.

Il sera mieux encore de calculer cette ligne[24] CO' et de porter sa longueur à partir du point connu O'.

61. Au lieu de mesurer OO', on peut abaisser de O une perpendiculaire OΠ sur la verticale MO'C, avec une simple équerre par exemple (notez que cette perpendiculaire à MO'C n'est pas un style droit), déterminer son pied Π, et mesurer OΠ. Alors, dans le triangle rectangle COΠ on connaît la longueur OΠ et l'angle C = 90° − φ : on peut donc construire ou calculer CΠ, et par suite déterminer le centre C cherché : CΠ = OΠ tang φ.

Quand on se sera servi de ce point C, pour tracer les lignes horaires par exemple, enfin quand le cadran sera construit, on pourra le faire disparaître.

2° Cas où le centre est inaccessible. — Pour placer le style dans ce cas, nous allons indiquer diverses méthodes qui sont très analogues à celles données pour le cas ordinaire (**55**, ...).

[23] Soit $\mathcal{D}_\odot$ la déclinaison du Soleil, en valeur absolue, prise dans la *Connaissance des Temps* pour le jour de l'opération, à midi vrai du lieu. On a

$$\zeta_\odot = \varphi \pm \mathcal{D}_\odot$$

le signe − devant $\mathcal{D}_\odot$ répond aux déclinaisons boréales (du 21 juin au 21 septembre) et le signe + aux déclinaisons australes.

[24] $CO' = OO' (\cos(\varphi - \zeta_\odot)) / (\sin \varphi)$.

62. Première méthode. — *Par un point d'ombre à midi vrai et par la construction d'un trapèze auxiliaire.* — Cette méthode est presque identique à celle du cas ordinaire (**55**) ; seulement, au lieu de réaliser le triangle auxiliaire *cmo* (fig. 38 à gauche) tout entier, on ne réalise qu'une partie *abo"m"* (représentée à droite de la même figure 38), ce qui ne présente aucune difficulté. Comme le centre C est alors très éloigné, on trace une verticale de la Table, telle que *m'* M, on applique sur elle le côté *am"* du trapèze auxiliaire, et à midi vrai on oriente ce trapèze vers le Soleil, c'est-à-dire de manière que son ombre se réduise à la verticale *m'* M : dans cette position, le côté *bo"* coïncide avec la bonne position de l'axe-style.

63. Seconde méthode. — *Au moyen de la sous-stylaire et de la hauteur h de l'axe-style.* — Ici encore, l'analogie est complète avec le cas général (**56**).

Quoique le centre soit inaccessible, nous pouvons avoir la direction de la sous-stylaire (**53**) et aussi construire un trapèze auxiliaire *abo"p"* (fig. 39 à droite) appartenant au triangle *cpo* de la même figure. On posera ce trapèze sur la sous-stylaire et normalement au mur : alors *bo"* coïncidera avec la direction à donner à l'axe-style.

64. Troisième méthode. — *Au moyen de deux styles droits placés sur la même sous-stylaire.* — Soit PP' (fig. 42) une parallèle à la sous-stylaire (**53**). En un quelconque P de ses points, élevons un style droit (**43**) dont P soit le pied et O le sommet, la longueur PO étant prise à volonté.

Si l'on imagine la sous-stylaire PP' et l'axe-style à placer OO' prolongés, ils se rencontrent au Centre inaccessible C, et l'angle en C peut être supposé connu, car il est égal à *h*, hauteur de l'axe-style sur le plan du Cadran (**43**, **51**), de sorte que OP / OC = sin *h*.

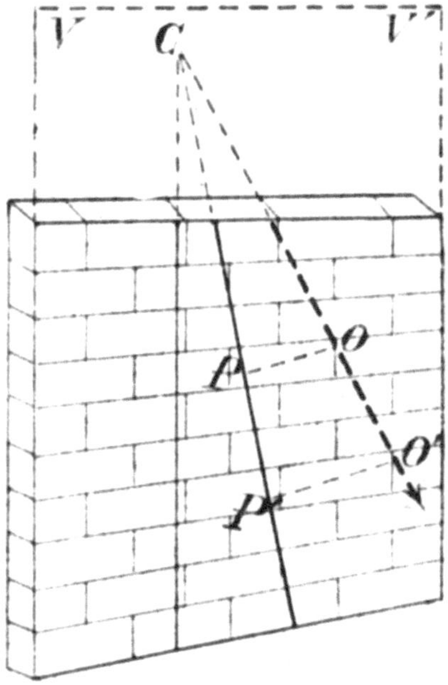

Fig. 42. — Orientation du style dans un cadran à centre inaccessible, au moyen de deux styles droits sur la même sous-stylaire.

Dans une Table de sinus naturels, ou au moyen d'une

Table de Cordes (voir pages 143-144), prenons sin *h* ; en outre, mesurons la longueur PO.

Cela fait, en un autre point P' de la sous-stylaire, plaçons un second style droit P'O' dont la longueur satisfasse aussi la condition

$$O'P' / O'C = \sin h$$

Alors la direction OO' des deux sommets des styles droits est celle cherchée de l'axe-style du cadran.

La figure 43 montre la réalisation des deux styles droits, au moyen de la double équerre pour l'un, au moyen de la triple équerre (voir p. 99) pour l'autre.

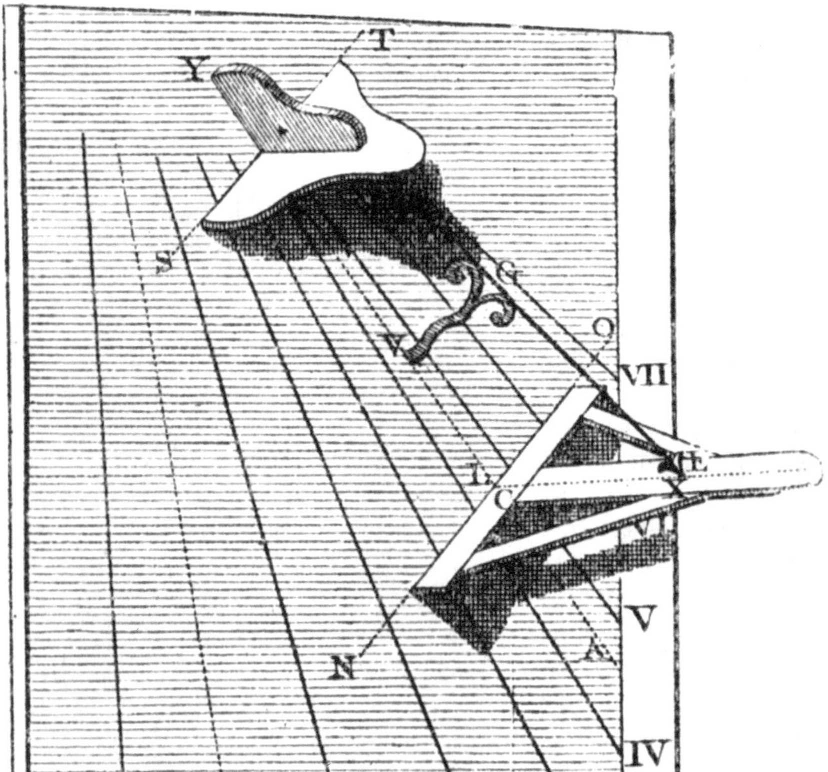

Fig. 43. — Réalisation de deux styles droits, l'un au moyen de la double équerre (celui du bas), l'autre au moyen de la triple équerre.

IV. — Construction des Cadrans verticaux déclinants à Centre accessible.

Les méthodes qui permettent de tracer les diverses lignes horaires d'un cadran vertical déclinant sont assez analogues à celles que nous avons indiquées (**45**, ...) pour tracer la sous-stylaire. Aussi nous suivrons le même ordre que dans la solution de ce dernier problème. Et le lecteur aura plus d'une fois l'impression que nous nous répétons.

65. Première méthode. — *Au moyen d'un cadran horizontal auxiliaire.* — Cette méthode est une application du principe général sur lequel nous avons appelé l'attention (**19**).

Soient dans l'espace (fig. 44) VXYV' la Table du Cadran à construire, C son Centre donné, CC' son axe-style supposé bien placé, parallèlement à l'axe du monde.

Coupons la Table par un plan horizontal HXYH' mené à une hauteur quelconque, et soit XY leur intersection.

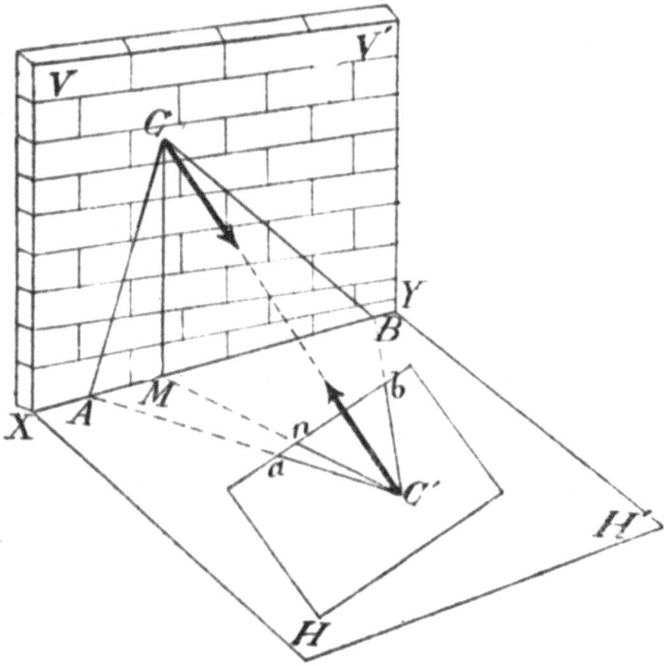

Fig. 44. — Construction d'un cadran vertical déclinant au moyen d'un cadran horizontal auxiliaire (figure dans l'espace).

Par hypothèse, on connaît la déclinaison azimutale de cette Table ; nous pouvons donc tracer la méridienne horizontale MC' du point C, dont le point M est sur la verticale du centre donné C. Le style, prolongé au besoin, vient percer le plan horizontal en un point C place sur MC'.

Dans le triangle CMC', nous connaissons le côté CM et l'angle en C, égal à 90° – φ, comme nous avons eu l'occasion de le dire plusieurs fois (**45**,...) ; nous pouvons donc connaître la longueur MC' et par suite la position de C'.

En ce point C', posons un cadran horizontal portatif C'*ab* construit pour la latitude du lieu, et plaçons-le de manière que son centre soit en C' et sa ligne de 12 h, C'*n*, suivant C'M .

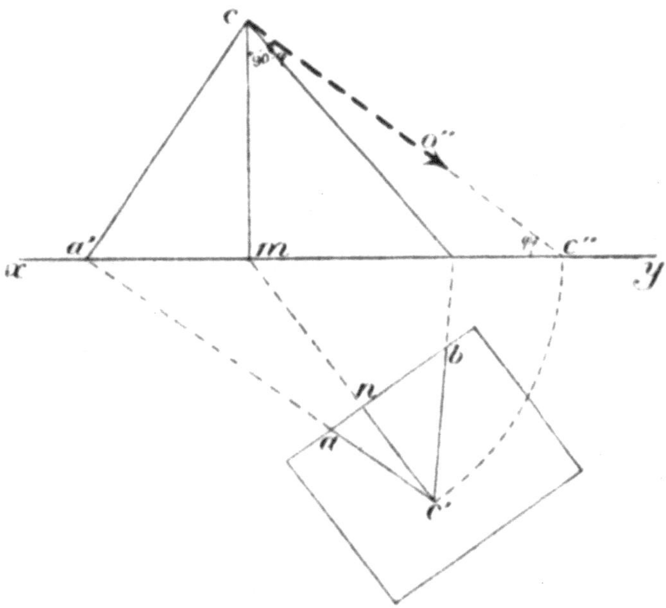

Fig. 45. — Construction d'un cadran vertical déclinant au moyen d'un cadran horizontal auxiliaire (épure).

De la sorte, les deux axes-styles n'en forment qu'un, qui porte ombre sur les deux cadrans, comme dans la figure 12. Si donc nous prolongeons, avec un fil par exemple, une ligne horaire quelconque C'*a* du cadran horizontal jusqu'à XY, en A, ce dernier point appartient aussi à la ligne horaire correspondante du cadran à construire et il n'y aura qu'à joindre C à A pour avoir cette ligne.

En procédant de même pour les autres lignes horaires du cadran horizontal, on obtiendra successivement toutes les lignes horaires du cadran à construire.

On pourrait procéder réellement ainsi, dans l'espace, et l'on peut même dire que l'opération est très facile. Mais pour peu que l'on ait l'habitude du dessin, il est bien plus commode, plus simple, de réaliser cette figure de l'espace en épure, c'est-à-dire par des constructions planes, de tracer les diverses lignes horaires cherchées sur cette épure, et de les reporter sur le mur. La figure 45 indique le moyen qu'on peut employer.

66. Prenons encore le plan du papier pour celui du cadran à construire et aussi comme plan vertical de projection. Quant au plan horizontal, il est supposé rabattu autour de *xy* (fig. 45) sur le bas du plan vertical. Du centre donné *c* menons la verticale *cm*, et en *m* la ligne *mn*, qui fasse avec *xy* un angle égal à l'angle du mur avec la méridienne.

Supposons le triangle CMC' (fig. 44) rabattu autour de CM sur le plan vertical ; on aura la position de l'axe sur l'épure (fig. 45) en faisant l'angle *mcc"* égal à $90^{o} - \varphi$; par suite, décrivant de *m* comme centre, avec *mc"* comme rayon, l'arc de cercle *c"c'*, cet arc de cercle donne sur *mn* le point *c'*.

En ce point comme centre, construisons (**25**) le cadran horizontal *c'ab* : chaque ligne horaire de celui-ci, *c'a* par exemple, prolongée jusqu'à *xy* en *a'*, fera connaître la ligne horaire correspondante *ca'*. On aura ainsi l'angle *mca'* ; il suffira de le porter sur le mur en MCA (fig. 44) et la ligne horaire correspondante CA du cadran sera tracée.

On procédera de même pour chacune des autres lignes horaires.

67. Seconde méthode. — *Au moyen d'un cadran équatorial auxiliaire.* — Cette méthode est aussi une application du même principe général (**19**).

Soient encore (fig. 46), comme dans la méthode précédente, VXYV' la Table donnée, C le Centre donné aussi, COC' l'axe-style en place et prolongé jusqu'au plan horizontal HXYH', CM la verticale du Centre. MN la méridienne horizontale.

En un point quelconque *o* du style CC', plaçons un cadran équatorial *oad* ayant même style *o*C et dont la ligne de 12 h prolongée vient rencontrer MC' en N, par exemple, sur la méridienne horizontale

Par des fils, comme dans la figure 46, prolongeons les lignes horaires *oa, ob, od*, . . du cadran équatorial jusqu'au plan horizontal ; elles viennent toutes rencontrer ce plan sur EE'E", intersection

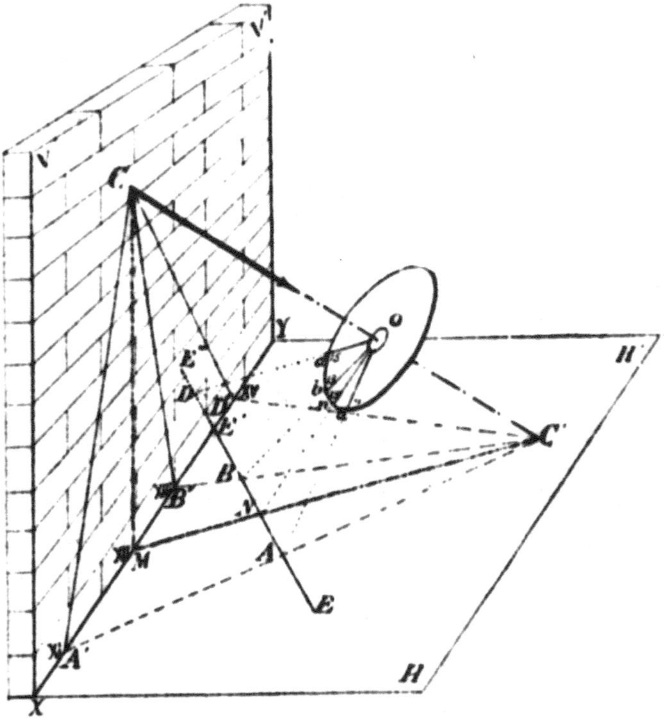

Fig. 46. — Construction d'un cadran vertical déclinant au moyen d'un cadran équatorial auxiliaire (figure dans l'espace).

du plan horizontal par l'équateur, aux points A, B, D, ... Mais ces points appartiennent aussi aux lignes horaires correspondantes du cadran horizontal qui aurait C pour centre et CN pour ligne du 12 h. En joignant C'A, prolongeant jusqu'à XY en A et tirant CA', on aura la ligne horaire correspondante CA' du cadran à construire. Et de même pour les autres.

Ici encore, on pourrait procéder ainsi réellement, mais il est bien plus commode et plus simple de tracer les lignes horaires sur une épure, comme dans la figure 47 et de les porter ensuite sur le mur VXYV', en conservant aux angles les vraies grandeurs données par cette épure. C'est ce qu'on fera en procédant ainsi :

68. Comme dans le cas précédent, prenons encore le plan du papier comme plan vertical, etc. (fig. 47) : du centre *c* menons la verticale *cm*, puis en *m* la ligne *mno'c'* qui fasse avec *xy* l'angle du mur avec la méridienne, et ensuite *cc'* perpendiculaire à *mc'*.

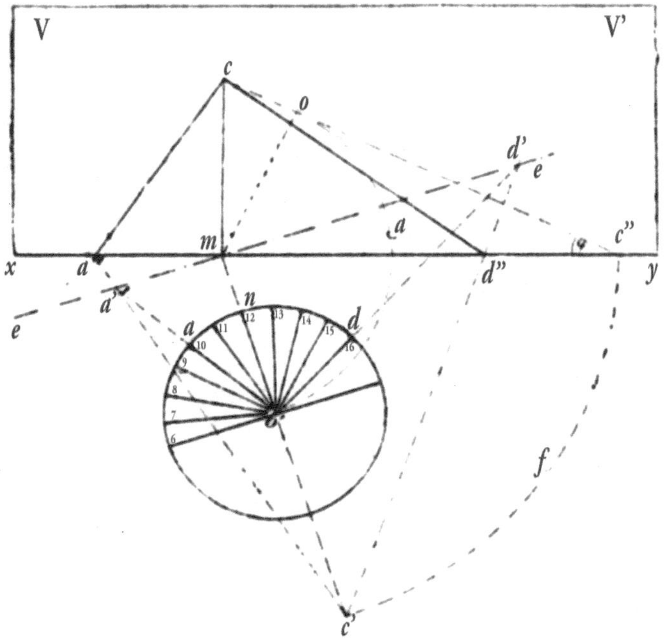

Fig. 47. — Construction d'un cadran vertical déclinant au moyen d'un cadran équatorial auxiliaire (épure de la figure 46).

Menons *cc"* qui fasse avec *cm* l'angle 90⁰ – φ, ce qui donne le point *c"*. L'arc de cercle *c"fc'* décrit de *m* comme centre, avec *mc"* comme rayon, donne le point *c'* où le style perce le plan horizontal.

D'autre part, menons de *m* la ligne *mo*, perpendiculaire à *cc"* : *o* est sur l'équateur correspondant au point *m* ; en rabattant à son tour cet équateur sur le plan horizontal autour de *ee'* le point *o* vient en *o'* situé sur l'arc *ogo'* et sur *mc'*. Par suite, *o'* est le centre du cadran équatorial auxiliaire *o'and* (que nous savons construire), comme *c'* est le centre d'un cadran horizontal auxiliaire correspondant.

Considérons une quelconque *o'a* des lignes horaires du cadran équatorial *o'* : prolongée au besoin, elle vient percer le plan horizontal en *a'*, de sorte que *c'a'* est la ligne horaire correspondante sur le cadran horizontal. Prolongeons *c'a'* jusqu'à *xy*, en *a"* : ce point *a"* de la ligne horaire *c'a'* appartient aussi à la ligne horaire correspondante du cadran à construire : il suffit donc de tirer *ca"* pour l'obtenir.

Et de même pour toute autre ligne horaire, comme *cd"*.

Si l'on n'a pas construit le cadran sur place, on connaîtra par l'épure les angles que les diverses lignes horaires font avec *cm*, et il sera facile de les reporter sur le mur.

69. Troisième méthode. — *Par le calcul : première solution.* — Soient C (fig. 48) le Centre donné du cadran, CM sa verticale et CH une ligne horaire quelconque, pour laquelle on veut calculer l'angle MCH qu'elle fait avec CM, verticale ou ligne de XII h.

Considérons l'axe-style CO et la sous-stylaire CP. Une sphère décrite de C comme centre avec un rayon arbitraire CM est coupée par le plan du cadran suivant l'arc MH, par le plan du méridien suivant MO, etc. Et arc MO = $90^0 - \varphi$.

L'angle MOH, opposé par le sommet à l'angle du méridien avec le plan horaire du Soleil, égale l'angle horaire $AH_\odot$ de cet astre correspondant à la ligne horaire considérée CH ; on a donc

$$\text{MOH} = AH_\odot$$

Pour la sous-stylaire CP nous connaissons (51) arc MP = St ; d'ailleurs PO = h. Le problème serait résolu si nous connaissions l'arc x = PH, puisque l'arc demandé MH est égal à St + x.

Appelons ψ l'angle MOP ; alors :

$$\text{angle POH} = AH_\odot - \psi$$

Calculons aussi l'angle y = OCH de la ligne horaire avec l'axe CO : les deux triangles sphériques MOP, POH donnent respectivement :

$$\cot \psi = \sin \varphi \operatorname{tang} \text{D}a$$

$$\operatorname{tang} x = \sin h \operatorname{tang} (AH_\odot - \psi)$$

d'où l'on déduira d'abord l'angle auxiliaire ψ par la première formule, puis x par la seconde ; dans celle-ci, on donnera à $AH_\odot$ la valeur correspondant à la ligne horaire considérée, par exemple 45° s'il s'agit de la ligne de III h ; l'angle x étant ainsi connu, on en déduira l'angle cherché MCH, égal à St + x.

70. Remarque. — On pourra aussi calculer l'arc y = OH, qui est l'angle de la ligne horaire considérée avec l'axe. Par exemple, dans le triangle MOH on a

$$\sin y / \sin \text{D}a = \sin (\text{St} + x) \;/\; \sin AH_\odot$$

sin Da est une constante connue (51) ; pour chaque ligne horaire, $AH_\odot$ est connu ; on sait calculer St + x ; on déterminera donc y par cette relation :

$$\sin y = (\sin \text{D}a)\ (\sin (\text{St} + x) \;/\; \sin AH_\odot)$$

On peut remarquer aussi que y est l'hypoténuse du triangle sphérique PHO rectangle en P et dont on connaît les côtés OP = h, PH = x, POH = $AH_{\odot} - \psi$ de sorte que

$$\cos y = \cos h \cos x$$

71. La figure 48 suppose CH à droite de la sous-stylaire par rapport à la méridienne. Si cette ligne horaire CH tombe dans l'angle CMP, en faisant la figure dans cette hypothèse on voit qu'il faut mettre $\psi - AH_{\odot}$ à la place de $AH_{\odot} - \psi$; — et, si CH était à gauche de CM, on prendrait $AH_{\odot} + \psi$ au lieu de $AH_{\odot} - \psi$.

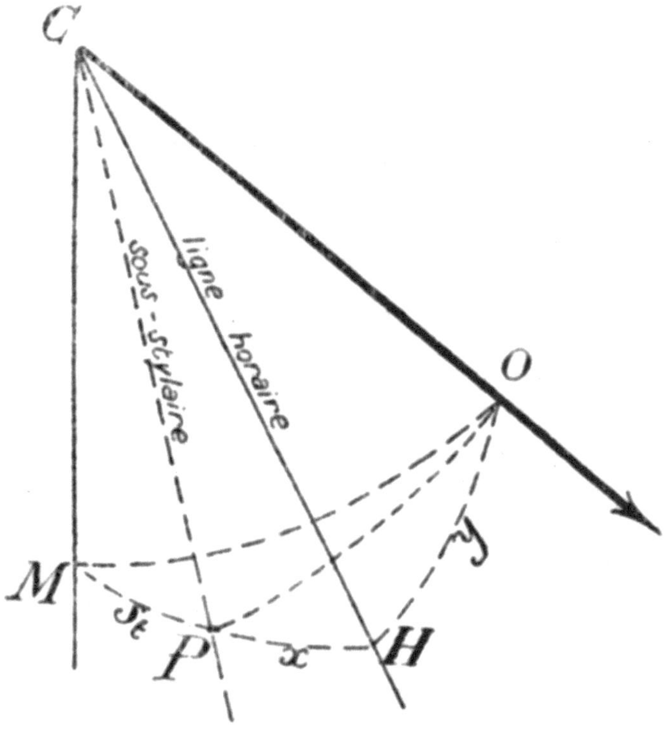

Fig. 48.

La formule ci-dessus qui donne tang x est donc générale, s'applique toujours. Lorsque $\psi > AH_{\odot}$, x est négatif et alors l'arc PH doit être porté du côté opposé à la sous-stylaire. Et, quand on cherche les lignes horaires placées à gauche de la méridienne, $AH_{\odot}$ est négatif avec x.

Ainsi, nous connaîtrons toujours les angles formés par la sous-stylaire avec toutes les lignes horaires, tant d'un côté que de l'autre, et par suite, on pourra tracer ces lignes horaires.

Ce que nous venons de dire pour la ligne horaire quelconque CH s'applique à toutes ; pour avoir les angles MCH correspondant aux diverses lignes horaires, il suffit donc de donner à $AH_{\odot}$ les valeurs ± I h ou 15°, ± 2 h ou 30°, ± 3 h ou 45°....

72. *Par le calcul : deuxième solution.* — Cette deuxième solution, proposée par Delambre (Astronomie, I, p. 275), exigerait quelques développements analytiques : nous nous bornons à la mentionner.

73. Remarque. — Il existe des Tables qui donnent les angles des diverses lignes horaires avec la sous-stylaire. Nous citerons notamment les suivantes :

- Celles de Deparcieux (*Traité de Gnomonique*) relatives seulement à la latitude de Paris (48° 51') et pour des déclinaisons azimutales du mur variant, de 15' en 15', depuis 0° jusqu'à 72° 15'.
- Celles de J.-B. Garnier (*Gnomonique*, 1773) pour la latitude de 43° 18' et pour celles de 44° à 51°, de degré en degré. La déclinaison azimutale du cadran *y* varie de degré en degré de 0° à 90°.

Nos Tables II et III (p. 147...) suffiront pour tous les points de la France.

V. — Construction des Cadrans verticaux déclinants sans centre (ou à Centre inaccessible)

74. Le Centre C est commun à toutes les lignes horaires d'un cadran ; aussi dans les cadrans à Centre accessible (**65**...), il a suffi de déterminer ce que nous appelons un second point de chaque ligne horaire.

Maintenant que le Centre est inaccessible, nous devons le remplacer par un autre point de chaque ligne horaire ; nous déterminerons celui-ci en appliquant la méthode qui nous a déjà donné le second point des cadrans à Centre. Aussi les procédés suivants ne sont guère qu'une répétition de ceux déjà indiqués précédemment (**65** .).

75. Première méthode. — *Au moyen, de deux cadrans horizontaux auxiliaires.* — La figure 49 nous montre ces deux plans horizontaux auxiliaires dans l'espace, et la figure 50 est celle de l'épure qui donne les deux points cherchés de chaque ligne horaire. Elle est comme la répétition de l'épure de la figure 45 (p. 70), sauf qu'au lieu de couper la Table du cadran par un seul plan horizontal passant par *xy*, on l'a coupée aussi par un second passant par *x*1 *y*1.

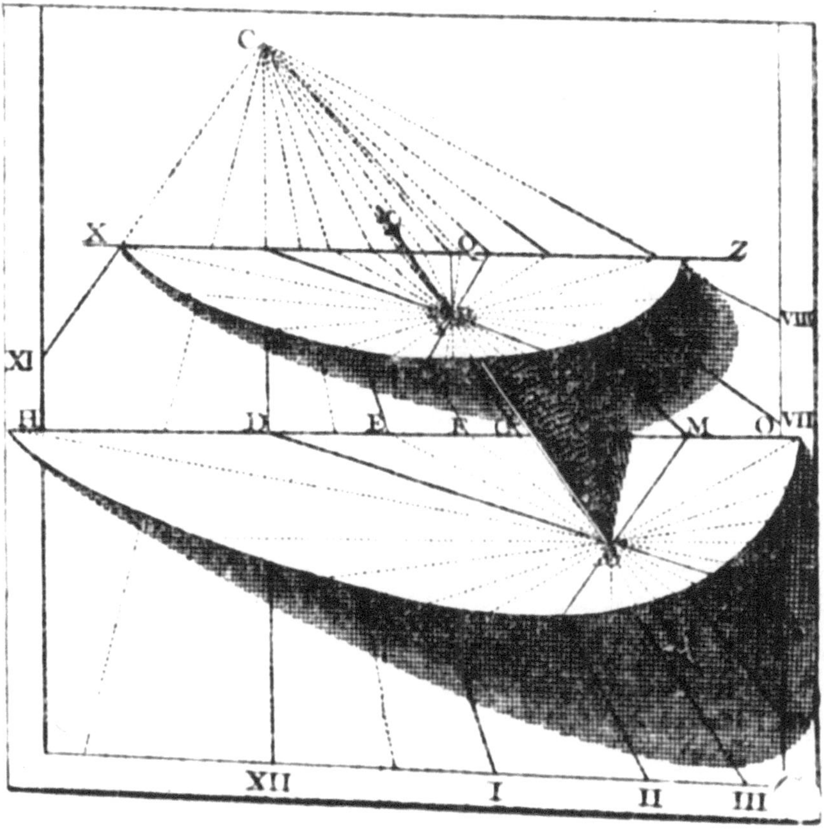

Fig. 49. — Construction de deux points de chaque ligne horaire au moyen de deux cadrans horizontaux auxiliaires (figure de l'espace).

Menons (fig. 50) la verticale quelconque *m'1 m*, les horizontales *xy*, *x1 y1*, à des hauteurs arbitraires. Construisons à part le triangle rectangle *c3 m2 c"2* (à gauche de la figure 50), avec un côté arbitraire *c3m2* mais ayant les angles en *c3* et *c"2* respectivement égaux à $90^0 - \varphi$, et à φ ; puis menons une parallèle *m3c"3* au côté *m2c"2* à une distance *m2m3* égale à *mm'1*. On a ainsi les longueurs *m2c"2* et *m3c"3* que l'on porte respectivement en *mc"* et *m'1c"1* de sorte qu'on a en *c"c"1* le style rabattu. Menons aussi les lignes *mc'*, *m1c'1* faisant respectivement avec *xy*, *x1y1* des angles égaux à l'angle du mur avec la méridienne horizontale, et par les arcs de cercle *f*, *f1* déterminons les points *c'*, *c'1*. Ceux-ci sont les centres des deux cadrans horizontaux auxiliaires, dans lesquels nous considérons les lignes horaires correspondantes *c'a*, *c'1a1* : ces lignes, prolongées respectivement jusqu'à *xy* et *x1 y1* en *a'* et *a'1*, nous donnent les deux points cherchés de la ligne horaire considérée *a'a'1* du cadran à construire. Et de même pour les autres lignes horaires, telles que *b'b'1*, etc.

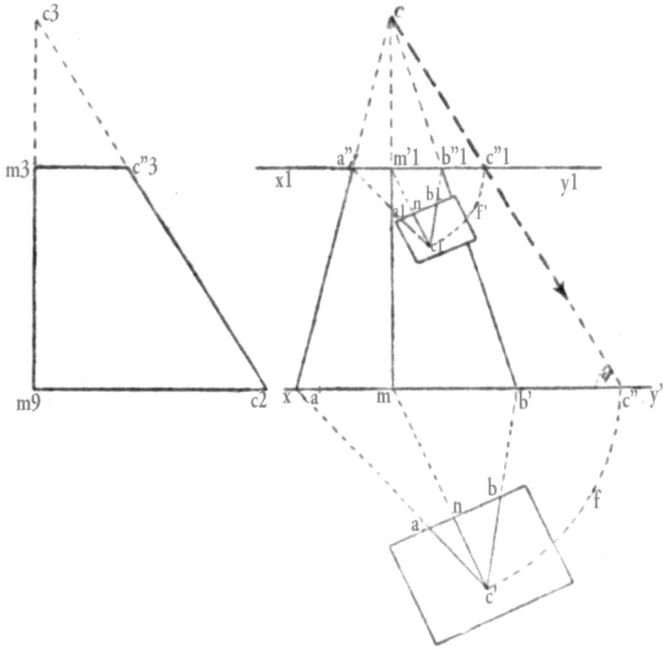

Fig. 50. — Construction de deux points de chaque ligne horaire au moyen de deux cadrans horizontaux auxiliaires (épure de la figure 49).

76. Seconde méthode. — *Au moyen de deux cadrans équatoriaux auxiliaires.* — Nous n'avons, pour ainsi dire, qu'à répéter ce qui a été dit aux paragraphes **68**.... L'épure à dessiner dans ce cas est celle de la figure 51, où l'on n'a indiqué le tracé que pour une seule ligne horaire *a"a"1* afin d'éviter les superpositions de lignes.

On trace donc une verticale *m1m* et deux horizontales *x1y1, xy* ; on réalise à part ou l'on calcule le triangle *cmc"* avec un côté arbitraire *cm* et les angles 9° – φ et φ (comme dans § 75) et, l'on obtient le style rabattu sur le plan vertical en *c"1c"*.

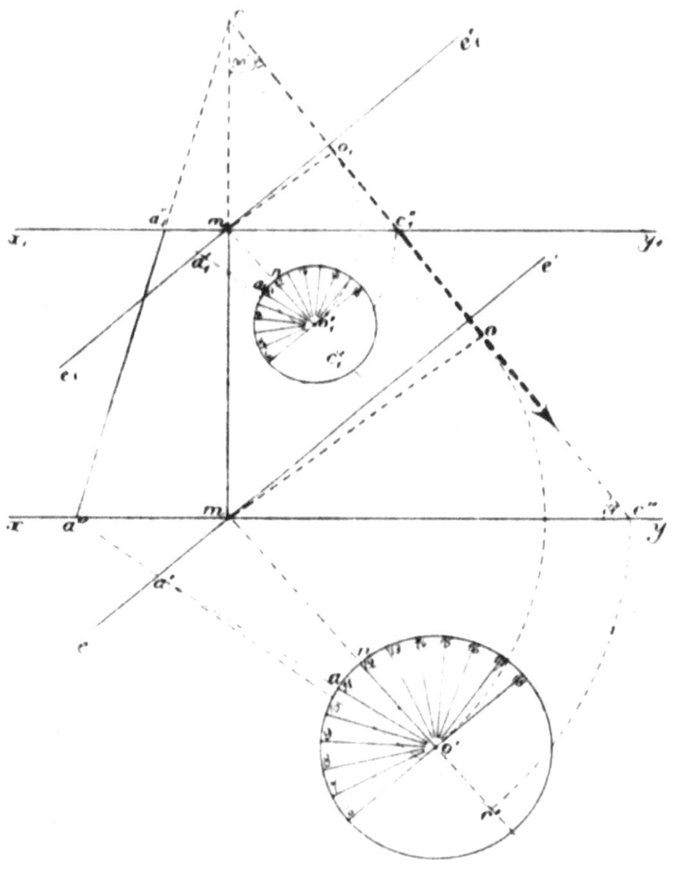

Fig. 51.— Détermination de deux points a", a"1 de chaque ligne horaire au moyen de deux cadrans équatoriaux auxiliaires (épure).

Les arcs de cercle *c"c', c"1c'1* donnent les points *c'c'1* où le style perce les plans horizontaux. Menons *mo, m1o1* perpendiculaires à l'axe et rabattant sur les plans horizontaux : on a les centres *o'o'1* des cadrans équatoriaux auxiliaires. Deux lignes horaires *o'a, o'1a1* exactement correspondantes et prolongées jusqu'à *ce', e1e'1*, donnent les points *a'a'1* qui, joints respectivement à *c', c'1*, déterminent les deux points *a" a"1* de la ligne horaire considérée du cadran à construire.

Et de même pour chacune des autres lignes horaires.

77. Troisième méthode — *Par le calcul : première solution.* — Les formules du paragraphe **69** permettent encore de calculer les angles x + St des diverses lignes horaires avec la verticale du Centre, mais on ne peut tracer ces lignes, parce que ce Centre est inaccessible.

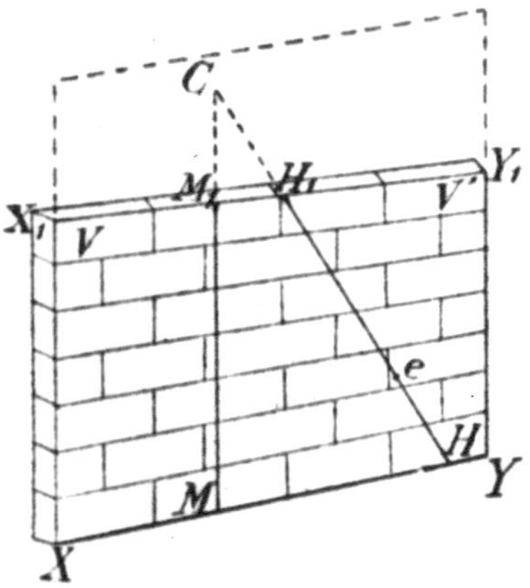

Fig. 52.

Alors on pourra procéder ainsi :

Menons une verticale M1M de la Table XYY1X1 (fig. 52) et deux horizontales XY, X1Y1 Le centre inaccessible C se trouve sur la droite M1M prolongée.

Pour une ligne horaire quelconque H1H, nous connaissons (**51**, **69**) l'angle MCH = x + St.

Avec une longueur arbitraire CM, dans le triangle rectangle CMH, calculons MH, puis M1H1 : cela fait, en portant sur la Table les longueurs obtenues, on aura les points H et H1 ; par suite, on pourra tracer la ligne horaire correspondante H1, H. Et de même pour toutes les autres.

78. *Par le calcul : seconde solution.* — La seconde solution indiquée pour le cas ordinaire peut également s'appliquer ici ; il suffit donc de la mentionner.

VI. — Cadran oriental et Cadran occidental

79. On appelle ainsi (**35**) les cadrans plans verticaux dont la Table (un mur ordinairement) est parallèle au méridien. Si le mur est tourné vers l'Est, le Cadran est Oriental ; il est Occidental si le mur est tourné vers l'Ouest.

Ces Cadrans sont donc des cas particuliers des Cadrans verticaux déclinants sans centre, mais pour lesquels la déclinaison azimutale est de 90° ; cependant, on les range parfois au nombre des cadrans non déclinants.

D'après les définitions, l'axe-style de ces Cadrans est parallèle à la Table. La latitude étant connue, la vérification de l'orientation de l'axe-style ne présente pas de difficulté.

Les lignes horaires de ces Cadrans, intersections du plan de la Table avec les plans de la rose horaire (**14**), sont toutes parallèles au style, et aussi perpendiculaires à l'équateur, donc à l'équinoxiale qui est perpendiculaire à la sous-stylaire.

80. Soit VXYV' (fig. 53) le plan du cadran vu de face, O l'axe-style, P le pied d'un style droit correspondant au sommet O, EE' l'équinoxiale correspondante.

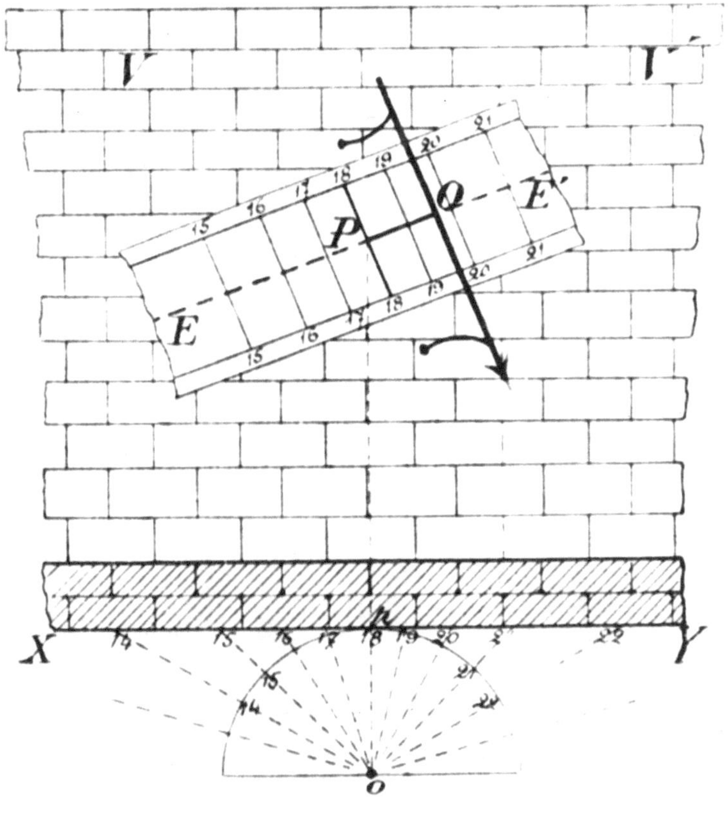

Fig. 53. — Cadran oriental, occidental. La partie supérieure est le mur vu de face, et la partie inférieure (ombrée) est la coupe horizontale du même mur.

Supposons que le cadran soit occidental. La ligne de i8h passe par le pied P et est perpendiculaire à l'équinoxiale EE'.

Pour tracer les diverses lignes horaires, projetons le plan de l'équateur sur le bas du plan de la figure : le sommet O vient en *o*, le pied P en *p*, et les intersections des plans de la rose avec l'équateur sont les lignes *o*.14, *o*.15, *o*.16, ... Prolongées jusqu'au mur, elles le coupent aux points correspondants 14', 15', 16', ..., 20', 21', 22', ...; et en reportant ceux-ci sur EE' on aura les points où passent les lignes horaires.

On voit que les distances des diverses lignes horaires à celle de 18 h sont dans le rapport des tangentes des angles horaires de 1 h, 2 h, 3 h, ... ou de 15°, 30°, 45°... En prenant *op* pour unité, 1 m par exemple, une Table de tangentes naturelles donnera donc immédiatement la position des diverses lignes horaires.

Le Cadran Oriental ne différera du Cadran Occidental que par l'ordre de numérotage des heures (**17**).

VII. — Autre méthode générale et très simple pour le tracé des Cadrans verticaux à axe et style fictifs

81. Les méthodes que nous venons d'indiquer pour le tracé des cadrans solaires verticaux ne comportent qu'une précision assez limitée, qui n'est pas en rapport avec les grandes dimensions que souvent on pourrait donner à ces cadrans. La cause de cette incertitude est surtout la difficulté de placer et de fixer le style bien parallèlement à l'axe du monde.

La méthode suivante, qui suppose l'emploi d'un style fictif et en dispensant de fixer le style se trouve ainsi plus facile ; en outre, elle comporte toute la précision que l'on peut attendre d'un cadran de grande dimension. Elle suppose aussi que l'on dispose momentanément d'une montre bien réglée.

Soit VXYV' (fig. 54) la Table choisie, devant laquelle on fixe l'œil (**11**) du cadran, comme dans la figure 11.

À une date t1 de l'année et aux heures rondes... 10, 11, 12, 13, 14, ..., marquons les positions ... D, E, F, G, H, ... occupées par l'image du Soleil donnée par cet œil. Répétons la même opération à une autre date t2 ce qui donnera les points ... *d*, *e*, *f*, *g*, *h*, ...

Les droites ... D*d*, E*e*, F*f*, G*g*, H*h*, ... sont les lignes horaires ... X, XI, XII, XIII, XIV, ... du cadran ; autrement dit, les positions journalières successives occupées à ces diverses heures par l'image solaire sont sur ces lignes droites. En effet, imaginons que la rose horaire (**14**) soit placée devant la Table, de manière que son axe passe par l'œil du cadran et que l'un de ses demi-plans passe par F, ligne de XII h ; alors les autres demi-plans passeront par D*d*, E*e*, G*g*, ...

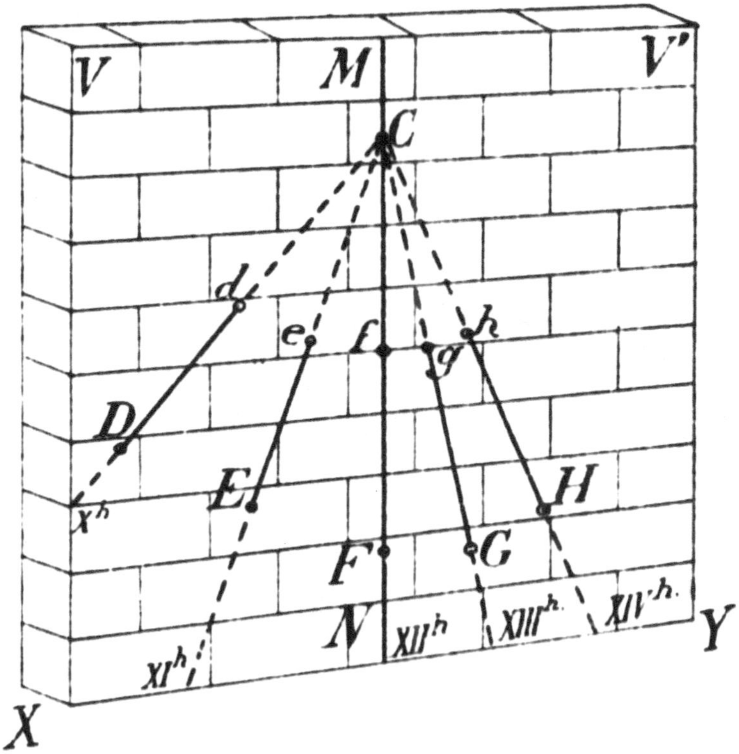

Fig. 54. — Tracé d'un cadran vertical. Méthode simplifiée.

Pour que les lignes D*d*, Ed, ... soient le mieux déterminées il faut évidemment que les dates t1 et t2 soient choisies aux environs des solstices. Comme vérification, ces lignes devront concourir au même point C, qui est le centre du cadran.

82. La nécessité de cet intervalle d'environ six mois, entre les dates t1 et t2, est un inconvénient évident, mais on peut l'éviter au moyen d'un petit calcul qui supprime les opérations faites à l'une des deux dates.

Supposons que l'on ait marqué, à la date considérée t1 par exemple, les points ... D, E, F, G, H, ... Au moyen d'un fil à plomb, marquons sur la Table la verticale FM qui passe par le point F de XII h. On sait (**36**) que le Centre C du cadran doit se trouver sur cette verticale. D'autre part, dans le triangle méridien COF, formé par l'œil (O), le Centre cherché C et le point F [triangle représenté en C'O'F' (fig.

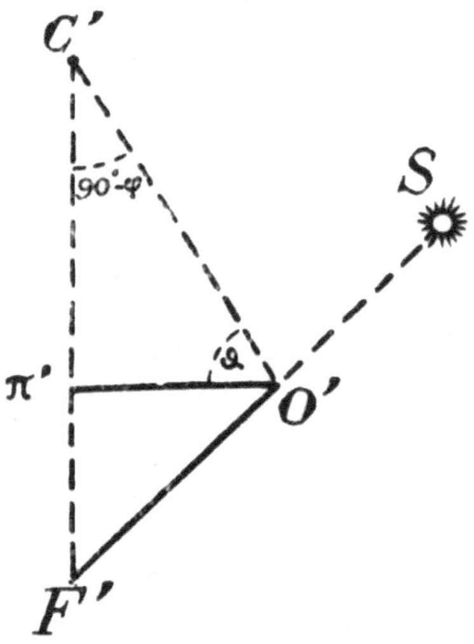

Fig. 55.

55)], on connaît l'angle C' = 90° − φ ; on peut mesurer O'F' et enfin de la déclinaison du Soleil déduire l'angle en F', égal à ζ_0 (**60**) ; on pourra donc calculer la longueur F'C', et en la portant sur FM (fig. 54), à partir de F, on aura le point C cherché.

83. On peut aussi, comme dans la figure 41, abaisser de l'œil la perpendiculaire O' π' sur la ligne de XII h, et ensuite calculer π' C', ce qui permettra aussi de déterminer le centre cherché.

CHAPITRE VII

Arcs diurnes. Arcs des signes. Méridiennes de temps moyen, de temps légal.

I. — Arcs diurnes. Arcs des signes

84. Sur un même cadran et à la même heure, la longueur de l'ombre du style sur la Table varie d'un jour à l'autre, à cause du changement continuel de la déclinaison $\mathcal{D}_\odot$ du Soleil.

Un jour donné, sur le Cadran considéré marquons, à intervalles assez rapprochés, de quart d'heure en quart d'heure par exemple, l'extrémité de l'ombre du style, ou l'image donnée par l'œil s'il s'agit d'un cadran sans style : en joignant les points ainsi obtenus, on aura une courbe qu'on appelle l'*arc diurne*, la *courbe diurne*, la courbe de déclinaison[25] de ce jour.

Ces arcs diurnes sont les intersections de la Table du Cadran avec le cône droit décrit par le Soleil en un jour, la variation de ®q dans l'intervalle étant négligeable.

Si le Cadran est plan, ces arcs sont donc des coniques (hyperbole, ellipse ou parabole), d'ailleurs symétriques par rapport à la sous-stylaire.

Comme l'arc diurne change d'un jour à l'autre, il présente un moyen de faire marquer au Cadran les diverses époques de l'année : mois, fêtes fixes, époques où le Soleil se lève à 4 h, 5 h, 6 h, ..., etc.

Mais l'étendue habituelle des Cadrans, même des plus grands, ne permet guère d'y tracer les arcs diurnes de tous les jours, et l'on se borne

[25] Ce terme de *courbe de déclinaison* peut aussi prêter à confusion ; nous éviterons de l'employer.

aux arcs diurnes des époques remarquables de l'année. Ordinairement, ce sont ceux qui correspondent à l'entrée du Soleil dans chacun des signes du Zodiaque, chacun de ces signes étant de 30° ; alors les arcs diurnes prennent le nom d'*Arcs des Signes*.

Ces arcs des signes font connaître les commencement et fin de chaque saison, puisque ces époques correspondent à l'entrée du Soleil dans certains de ces signes.

La nature des arcs diurnes dépend de la déclinaison $\mathcal{D}_{\odot}$ du Soleil et de la hauteur h du style sur le plan du Cadran :

Si	$\mathcal{D}_{\odot} < 90° - h$,	l'arc diurne est une	hyperbole
–	$\mathcal{D}_{\odot} > 90° - h$,	– –	ellipse
–	$\mathcal{D}_{\odot} = 90° - h$,	– –	parabole.

Quand le Soleil est dans l'équateur, on a $\mathcal{D}_{\odot} = o$; la surface conique engendrée par la ligne tirée du Centre du cadran au Soleil se réduit alors à un plan (équateur) et l'arc diurne est une droite qui coïncide avec l'équinoxiale (**50**).

Quand le style est perpendiculaire au plan du cadran, comme dans les cadrans équatoriaux, les courbes diurnes sont des circonférences concentriques dont le pied du style est le centre commun.

85. *Méthode générale pour le tracé des arcs diurnes, des arcs des signes. — Secteur ou trigone des signes.* — Revenons à la sphère auxiliaire (**12**) que nous pouvons substituer, en gnomonique, à la sphère terrestre, et supposons que le centre O de cette sphère (fig. 56) soit placé au sommet de l'axe-style d'un Cadran quelconque.

Menons OE (fig. 57) perpendiculaire au style CC', et les lignes O*h*, O*e*, qui fassent avec OE chacune un angle de 23° 28' obliquité de l'écliptique. La déclinaison $\mathcal{D}_{\odot}$ du Soleil varie entre + 23° 28' sa plus forte valeur et – 23° 28' sa plus faible.

Par suite, à midi et au solstice d'hiver, les rayons solaires ont la direction O*h* ; ensuite ils s'élèvent peu à peu pour atteindre OE à l'équinoxe du printemps, puis O*e* au solstice d'été.

À partir de ce moment, leur déclinaison commence de décroître, repasse par OE à l'équinoxe d'automne et revient à O*h* au solstice d'hiver suivant. Et ces rayons continuent indéfiniment ce double mouvement annuel de montée et de descente.

En même temps, le Soleil passe par les divers signes du zodiaque, d'abord par les signes ascendants (fig. 58) puis par les signes descendants, (fig. 59).

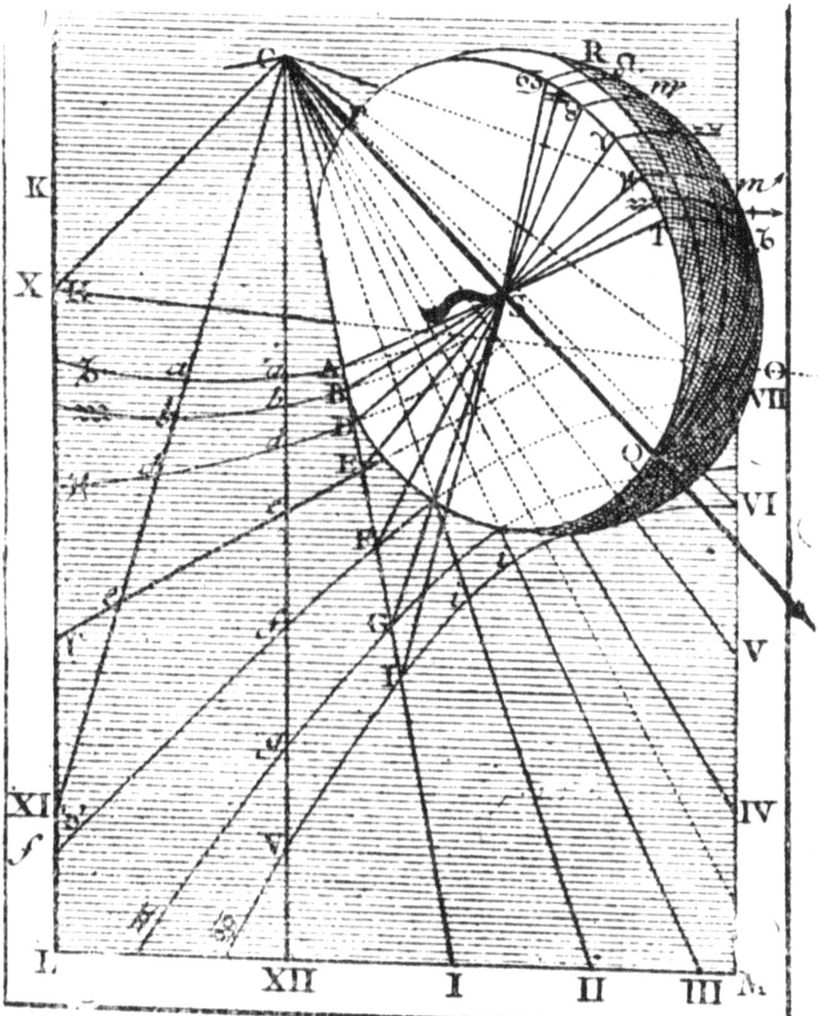

Fig. 56. — Sphère auxiliaire, coupée par un plan horaire, et montrant le tracé des arcs des signes dans l'espace.

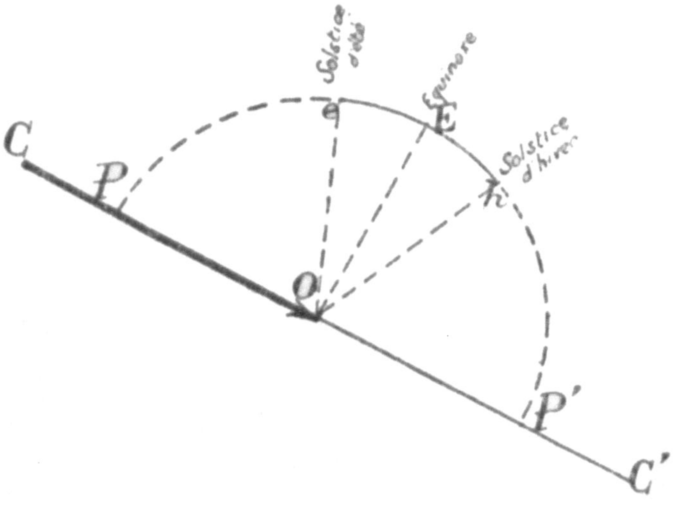

Fig. 57.

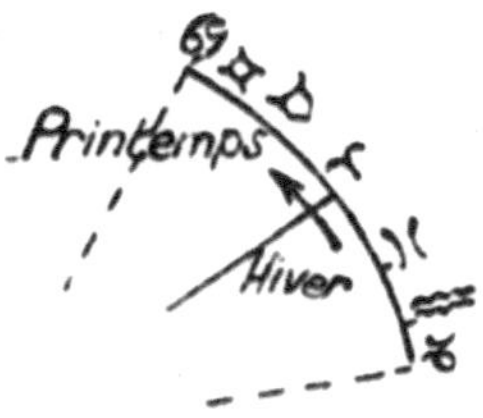

Fig. 58.

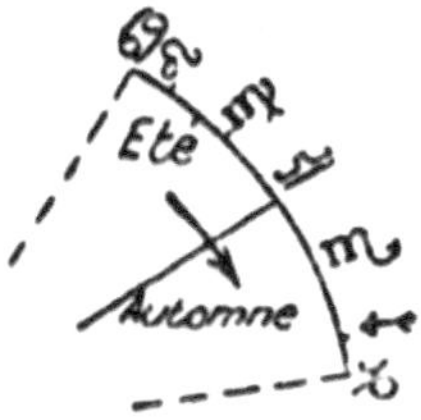

Fig. 59.

À part les signes extrêmes (♑ et ♋), on voit que les autres se correspondent ainsi deux à deux :

♒	et	♐
♓	et	♏
♈	et	♎
♉	et	♍
♊	et	♌

de sorte que ces signes ne déterminent sur le méridien du cadran que 7 directions distinctes, y compris l'équateur.

Un tel secteur (fig. 58, 59), de 23° 28' × 2 = 46° 56' d'ouverture et partant de ces 7 directions, constitue ce qu'on appelle le secteur ou trigone des signes.

86. Ce trigone des signes supposé réalisé, en carton par exemple, permet de tracer facilement les courbes diurnes, et en particulier les arcs des signes.

Pour cela, mettons-le en place comme il est indiqué par la figure 60, et faisons-le tourner autour de l'axe-style comme charnière : en prolongeant jusqu'à la Table, par un fil, une quelconque de ses lignes OE par exemple (fig. 57, 61), dans la rotation du trigone, le fil marquera la trace de l'équateur, c'est-à-dire l'équinoxiale. Si c'est O*h* qui est prolongé par le fil, celui-ci marquera l'arc du signe correspondant (♑).

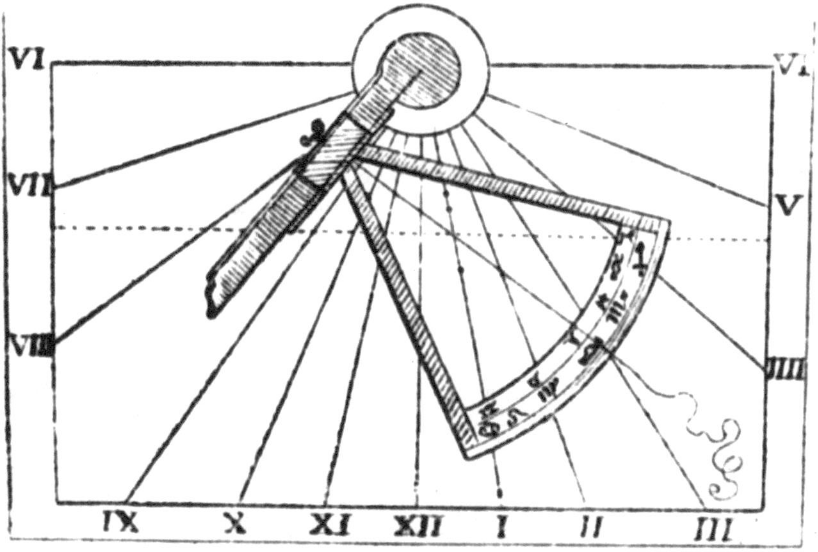

Fig. 60. — Trigone des signes réalisé et mis en place sur l'axe-style.

La figure 56 montre, en schéma, le trigone lié à la sphère auxiliaire, et ses lignes prolongées traçant les divers arcs des signes.

87. *Application au cas particulier des Cadrans plans verticaux à Centre* : 1° *Méthode graphique.* — Ces rotations dans l'espace, avec prolongement d'une direction par un fil, etc., sont assez laborieuses, et l'on préfère souvent tracer par points les arcs des signes sur la Table ou sur une épure. Pour cela, reprenons la figure 48 (p. 75) sur laquelle nous avons calculé l'angle *x* de la ligne horaire quelconque CH avec la sous-stylaire CP.

Nous connaissons (fig. 48) l'angle OCH = y de la ligne horaire considérée OH avec le style CO, de sorte que nous pouvons avoir la position CO' (fig. 61) de l'axe-style quand on le rabat autour de CH sur le plan de la Table, c'est-à-dire du papier.

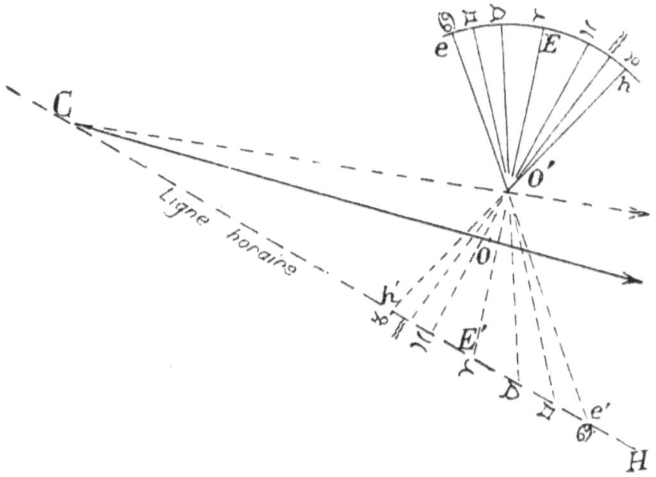

Fig. 61.

Le trigone, qui est toujours dans un plan horaire, étant supposé dans le plan horaire de la ligne considérée CH, prend ainsi la position *eo'h* (fig. 61) et, en prolongeant ses lignes jusqu'à CH, on aura sur cette ligne horaire les points correspondant aux divers arcs des signes, car ces points n'ont pas changé dans le rabattement du trigone. En faisant cette détermination pour chaque ligne horaire, on pourra tracer par points les divers arcs des signes.

88. 2° *Méthode basée sur le calcul.* — On peut aussi, pour chaque ligne horaire telle que CH (fig. 61), calculer la distance de chacun des points cherchés, tels que *h'*, E', *e'*, ... au Centre C. Considérons, par exemple, le point *e'* et le triangle C*o'e'* qui lui correspond : l'angle HC*o* égal à HC*o'* est connu (**69**) ; sur place, on peut mesurer la longueur C*o* = C*o'*; enfin l'angle *o'e'*C est, pour l'heure considérée, la distance zénithale du Soleil ou le complément de sa hauteur, quantité que l'on sait calculer (**60**). On peut donc construire graphiquement ou calculer le triangle C*oe'*, et par suite C*e*.

De même pour chacun des autres points E', *h'*,....

Cela s'applique à toute ligne horaire, et par suite on pourra tracer par points les arcs des signes. On procéderait d'ailleurs de même pour tout arc diurne.

Cela pouvant se faire pour une date quelconque, est indépendant du calendrier employé. La figure 62 représente une partie d'un Cadran

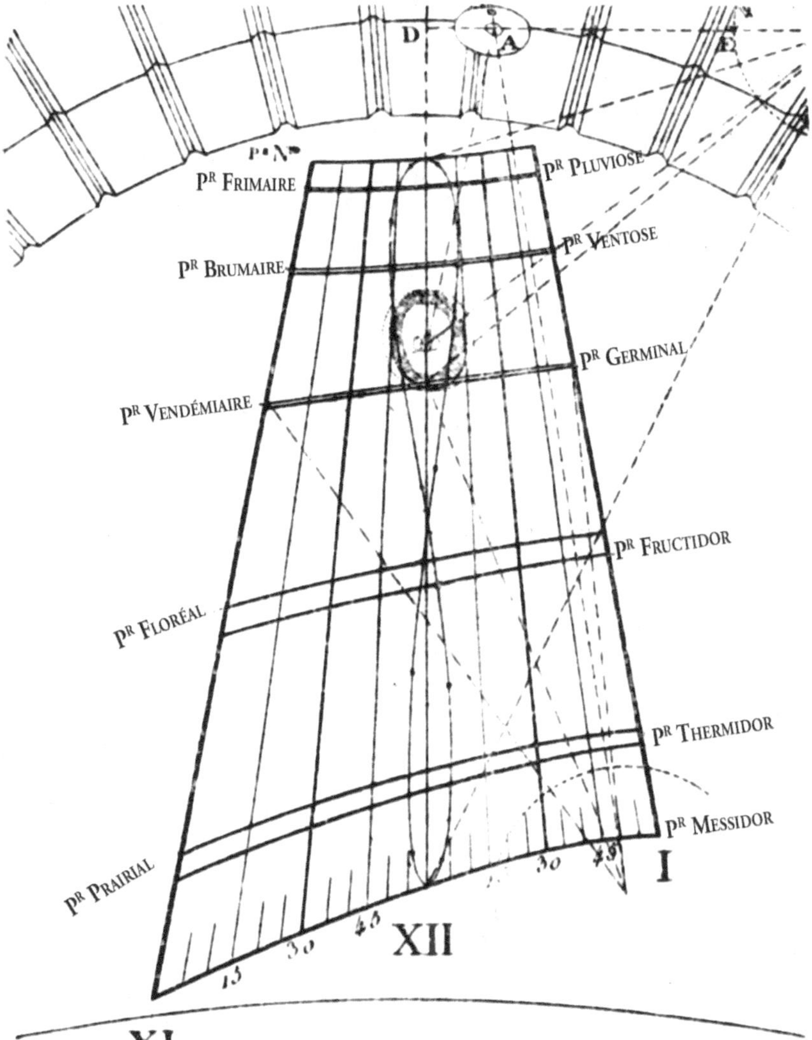

Fig. 62. — Partie d'un Cadran solaire tracé à l'École Polytechnique et portant les arcs des signes correspondant aux mois du calendrier français.

qui avait été tracé à l'École Polytechnique pendant que le Calendrier français était en usage.

Voir LEFRANÇOIS, *Mémoire sur la Gnomonique* (Journal de l'École Polytechnique, XIe Cahier, Paris, an X, p. 261-271 et pl. VIII). La méridienne en avait été déterminée par MECHAIN, le 27 fructidor VIII (1800, sept. 24) et le cadran avait été tracé par Girard.

89. *Cas des Cadrans verticaux déclinants sans Centre (accessible).* — Dans ce cas, le calcul précédent des longueurs Ce', CE', C*h*', ... (**88**) peut encore être fait mais, comme le centre C est inaccessible, il n'est plus possible de porter sur CH les valeurs obtenues.

On peut alors procéder comme au paragraphe **77**, c'est-à-dire réaliser ou calculer CH1 (fig. 52), et retrancher cette quantité de C*e* ; il restera H1*e* dont on portera la valeur à partir de H1 de manière à avoir le point *e'* cherché. Et de même pour les autres longueurs C*h'*, CE', etc.

La même opération sera répétée pareillement pour chaque ligne horaire.

II. — MÉRIDIENNES DE TEMPS MOYEN, DE TEMPS LÉGAL.

90. Tandis que nos garde-temps (pendules, chronomètres, montres, ...) marquent un temps uniforme, le *temps moyen*, les Cadrans solaires, par les ombres sur les lignes horaires, marquent le *temps vrai*, soumis à l'inégalité bien connue sous le nom d'*équation du temps.* Cette inégalité, donnée par les éphémérides astronomiques, ne dépasse guère, au maximum, 16 minutes ; chaque année elle passe 4 fois par zéro et 4 fois par un maximum relatif.

Elle reste d'ailleurs sensiblement la même pendant de longs intervalles de temps.

91. Pour une ligne horaire quelconque d'un Cadran, on pourrait figurer par une courbe ces écarts entre le temps vrai et le temps moyen, alors le cadran donnerait à chaque heure les deux espèces de temps, vrai et moyen. Mais il en résulterait une grande confusion ; aussi l'on ne trace ordinairement cette courbe que pour la ligne horaire de midi : c'est la courbe en forme de 8 très allongé, renfermée entre les arcs des signes extrêmes, que l'on voit encore sur un grand nombre de cadrans solaires, et à laquelle on donne le nom de méridienne de temps moyen. La figure 63 en donne une idée[26].

[26] C'est à Grandjean de Fouchy (1707-1788), qui fut Secrétaire perpétuel de l'Académie des Sciences de Paris, que l'on doit l'idée de cette méridienne de temps moyen.

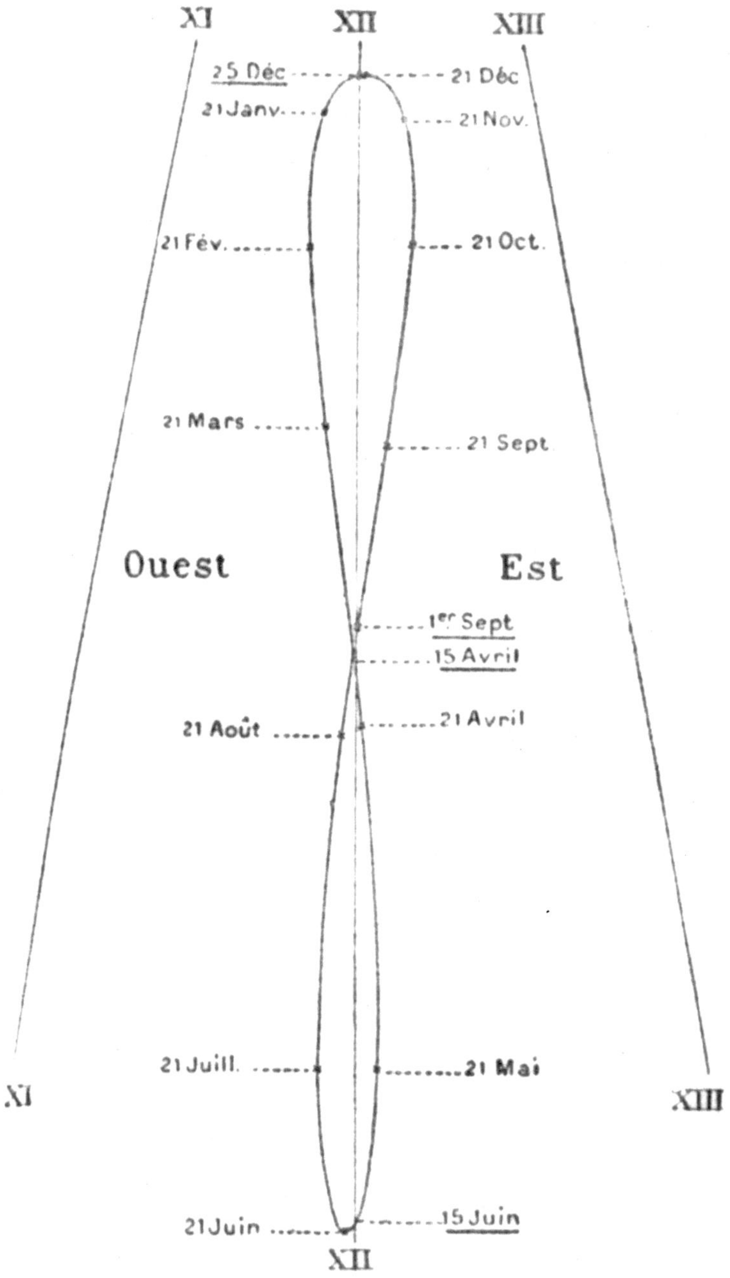

Fig. 63. — Cadran méridional avec sa méridienne de temps moyen.

On trace cette courbe par points de la manière suivante :

Au voisinage de la ligne de XII h, entre les limites de 16 minutes de part et d'autre, on trace des lignes horaires assez resserrées, de 4 min en 4 min par exemple si le cadran est grand ; et, dans les mêmes limites de temps, on trace les arcs des signes pour des intervalles assez rapprochés, comme de 10 en 10 jours. Enfin, pour ces dernières époques, on marque sur les arcs des signes l'écart entre le temps vrai et le temps moyen : en joignant ensuite les divers points ainsi marqués sur les arcs des signes, on a la méridienne demandée de temps moyen[27].

En général, à chaque point de la ligne de midi vrai répondent deux points de la ligne de temps moyen, l'un correspondant aux signes ascendants et l'autre aux signes descendants (**85**). Pour indiquer celui de ces deux points qui à tel jour donné doit être choisi, on marque les signes du zodiaque sur la méridienne de temps moyen. Souvent aussi on y met les noms des mois, comme on voit dans la figure 63.

Cette méridienne de temps moyen n'est pas complètement symétrique ; elle se déforme d'ailleurs plus ou moins, suivant la position de la Table, suivant la déclinaison azimutale du mur, dans le cas des cadrans verticaux déclinants. La courbe de la figure 63 est celle d'un cadran méridional, c'est-à-dire tracé sur un mur orienté exactement de l'Est à l'Ouest. Cette méridienne de temps moyen montre bien que l'équation du temps s'annule 4 fois par an (15 avril - 15 juin - 1er septembre - 25 décembre) et passe 4 fois par un maximum relatif (12 février - 14 mai - 26 juillet - 3 novembre).

92. On pourrait tracer de même la courbe de midi, temps légal (temps moyen de Greenwich) adopté par la loi du 9 mars 1911 : certains cadrans portent déjà cette nouvelle méridienne de temps légal, que l'on peut d'ailleurs tracer à part, comme on a fait au cadran de l'école communale de Sèvres[28].

[27] L'équation du temps est toujours inférieure à 17 min. Pour un intervalle aussi court, on peut se dispenser de tracer les arcs des signes et porter l'équation du temps, de 10 en 10 jours par exemple, sur une perpendiculaire à la ligne de XII h, aux points correspondants aux jours choisis.

Une autre cause d'erreur de même ordre tient à ce que l'année solaire ne renferme pas un nombre exact de jours (cette année vaut 365,2422 j) ; les coïncidences du temps vrai et du temps moyen varient d'une année à l'autre, mais d'une fraction de jour seulement, et tous les 4 ans, elles se retrouvent approximativement à la même heure de la même date pendant un grand nombre de périodes.

[28] E. Joyeux, *Cadran solaire de l'École communale de Sèvres* (Bull, de la Société astr. de France, 1912, p. 465-469).

CHAPITRE VIII

Cadrans verticaux à heures temporaires

93. Dans l'antiquité, les heures égales ou équinoxiales n'étaient connues que des astronomes pour leurs calculs et les heures temporaires (égales chaque jour au douzième de l'intervalle compris entre le lever et le coucher du Soleil) étaient seules employées en gnomonique, comme dans l'usage civil.

Il en résulte que théoriquement, les lignes horaires des cadrans antiques ne sont pas des lignes rigoureusement droites, et ne concourent pas toutes au même point (Centre) ; autrement dit, ces Cadrans n'ont pas de Centre.

Delambre (*Hist. Astronomie Anc.*, 2, 472, ...) a étudié les cadrans de la célèbre *Tour des Vents*, monument encore existant à Athènes, et représenté par la figure 8 (p. 15). C'est une Tour à base octogone régulière et dont les 8 pans verticaux portaient autant de cadrans, correspondant chacun à l'orientation du mur sur lequel il est tracé.

Au sommet de son toit était une figure mobile en bronze, servant de girouette pour indiquer les vents ; ceux-ci sont représentés en bas-relief au-dessus des cadrans, et désignés par leurs noms.

Delambre a montré qu'en traçant les lignes horaires rectilignes (ce que supposaient les Grecs, au moins tacitement, autant qu'on peut en juger par les monuments qui nous restent) l'écart est inférieur à une minute, même pour la latitude de 50° ; elle est beaucoup moindre pour les latitudes de 40°et surtout de 30° : celle-ci est à peu près celle d'Alexandrie. Par suite, il suffisait aux Grecs d'alors d'avoir deux points de chaque ligne horaire pour la pouvoir tracer tout entière.

Dans ce genre de Cadrans, l'ombre d'un style rectiligne ne peut se placer successivement sur les lignes horaires ; c'est seulement l'extrémité de l'ombre d'un gnomon servant de style qui marquait l'heure, comme dans les cadrans à axe-style fictif.

Cependant un Cadran trouvé à Carthage, qui paraît de l'époque romaine et qui a été étudié par P. TANNERY (C. R. Acad. Inscriptions et Belles L., 1899) n'est pas tracé pour marquer des heures temporaires.

Les Arabes conservèrent ces heures temporaires pour leurs Cadrans, comme on le voit par un ouvrage d'ALBATEGNIUS.

Fig. 64. Cadran de Dijon.

Dans ces dernières années on a signalé certains cadrans du Moyen Âge qui auraient été construits pour marquer les heures temporaires. De ce nombre serait celui de Saint-Bénigne de Dijon, reproduit par la figure 64, empruntée à une description de M. A. GASSER, dans la *Revue de Bourgogne*, années 1916-1917, pages 193-205. On a présenté de tels cadrans comme constituant des perfectionnements de la gnomonique ancienne, mais cette manière de voir nous paraît demander quelques réserves.

CHAPITRE IX

Cadrans plans inclinés
(PAR RAPPORT À L'HORIZON)

I. — DÉFINITIONS DIVERSES

94. Ces cadrans, construits sur des plans inclinés d'une manière quelconque sur l'horizon, étaient assez employés autrefois ; on en voyait par exemple dans les jardins, tracés sur des solides à plusieurs pans, comme la croix que représente la figure 65, et où les points saillants, tels que A, C, E, servaient de sommets à des styles fictifs.

On construisait aussi des croix portatives de ce genre qui pouvaient s'orienter, s'incliner plus ou moins, et qui recevaient des cadrans variés.

D'autres fois, ces cadrans étaient tracés sur les faces d'un solide régulier.

Les figures 66 et 67 montrent en développement un même dodécaèdre régulier sur les faces duquel on a tracé les cadrans que ces faces comportent d'après leur orientation et inclinaison.

Lorsque le solide régulier était un cube, supposé placé horizontalement et orienté, la face supérieure portait

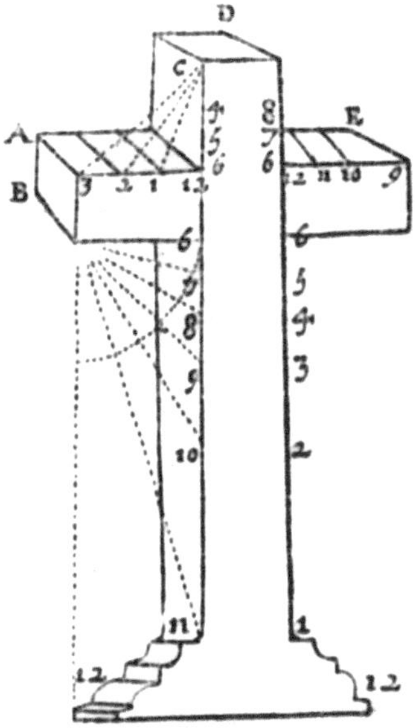

Fig. 65. — Solide en forme de croix, portant divers cadrans.

un cadran horizontal (**25**...) et les faces latérales les quatre cadrans verticaux non déclinants **37**...).

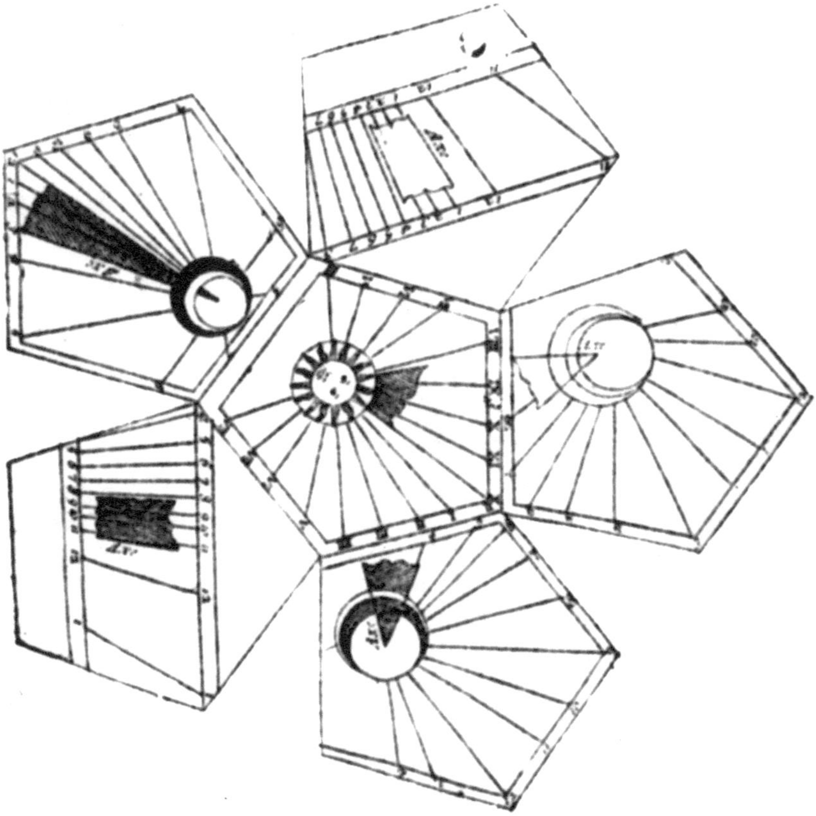

Fig. 66. —Développement d'un dodécaèdre régulier, sur les faces duquel sont tracés des cadrans solaires diversement inclinés.

La construction de ces Cadrans inclinés tient une place importante dans les anciens Traités de gnomonique. Mais aujourd'hui, en dehors de certains cas particuliers très simples (exemple : Cadran équatorial, § **16**), on en construit rarement ; aussi ne nous paraît-il pas utile de nous étendre longuement à ce sujet.

95. La construction de ces cadrans inclinés exige en premier lieu qu'on définisse le plan de la Table QXY (fig. 66), ce que nous ferons, avec les anciens gnomonistes, par son *inclinaison i* qui est l'angle aigu

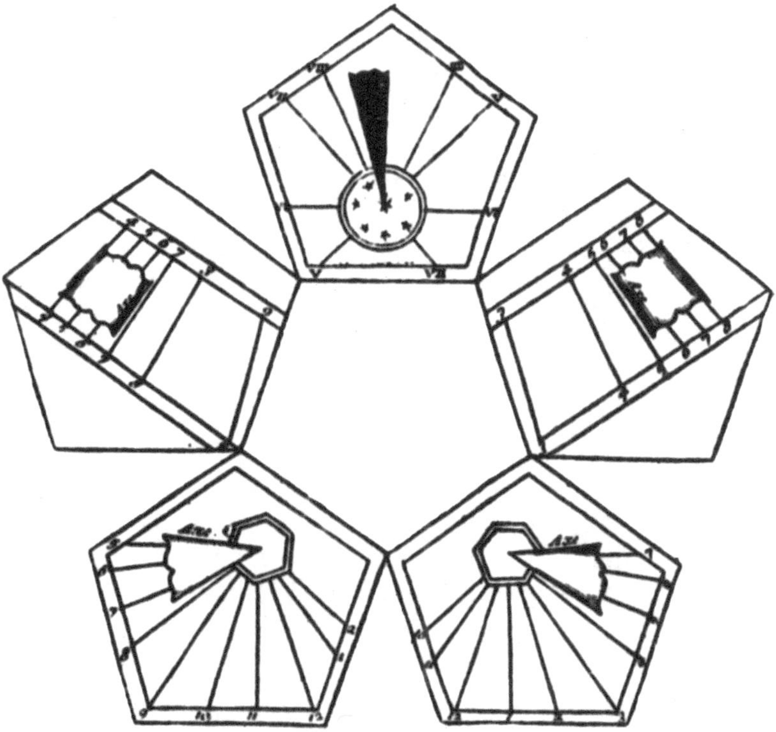

Fig. 67. – Complément de la figure 63.

qu'il forme avec l'horizon, et par la *déclinaison azimutale* D*a* de sa trace XY ou intersection avec le même plan de l'horizon.

Toutefois, et dans une certaine mesure, on peut suppléer à la connaissance de ces quantités *i* et D*a* par des points d'ombre.

96. Comme pour les cadrans plans verticaux (**35**), on divise en plusieurs espèces les cadrans plans inclinés.

D'abord, on les distingue en *Supérieurs* et *Inférieurs* : les premiers sont ceux qui sont tournés vers le ciel, et les autres ceux qui sont tournés vers le sol.

À un autre point de vue, on les divise en *non déclinants* ou sans déclinaison et en *déclinants* ; les cadrans sans déclinaison sont ceux dont le plan est tourné directement vers un des quatre points cardinaux principaux (N., S., E., W.)[29], tandis que les déclinants regardent

[29] D'après la définition (134) de la déclinaison azimutale D*a*, il paraît plus logique de placer les cadrans orientaux et occidentaux parmi les cadrans déclinants, puisque pour eux D*a*, loin d'être nul, est égal à 90°.

obliquement ces mêmes points cardinaux. Ainsi le tableau suivant, identique à celui des Cadrans verticaux (35), résume ces dernières distinctions :

Cadrans solaires plans inclinés.	Cadrans sans déclinaison ou non déclinants	Cadrans méridionaux ou directement méridionaux.
		Cadrans septentrionaux ou directement septentrionaux.
	Cadrans déclinants	Cadrans déclinants en général.
		Cadrans orientaux.
		Cadrans occidentaux

On appelait quelquefois *reclinans* les cadrans plans inclinés dont le plan ne passe pas par les pôles, et on donnait aux Cadrans inclinés déclinants le nom de *déinclinés*.

Pour les cadrans inclinés *méridionaux* supérieurs, on distinguait aussi les uns des autres ceux pour lesquels l'inclinaison *i* était inférieure ou supérieure à la hauteur du pôle φ.

II. — Détermination de l'inclinaison I et de la déviation azimutale Da d'un plan donné quelconque

97. Soit (fig. 68) QXY le plan considéré. Coupons-le par un plan horizontal placé à une hauteur quelconque tel que HXYH' et soit XY leur intersection.

La ligne XY est une horizontale du plan donné et, inversement, toute horizontale de ce plan donné peut être considérée comme son intersection par un plan horizontal.

De là résultent des moyens faciles pour déterminer une horizontale du plan donné, par exemple au moyen d'une règle droite et d'un niveau à bulle : on appliquera cette règle sur le plan et le niveau sur la règle, puis par un pivotement bien aisé, on cherchera une position où le niveau indique l'horizontalité de la règle : la ligne tracée alors le long de cette règle est une horizontale du plan et toute autre sera parallèle à celle-ci.

D'ailleurs, par définition, la déviation azimutale du plan donné est celle d'une de ses horizontales XY par exemple. Et, d'autre part, nous supposons que l'on sait déterminer la déviation azimutale d'une ligne horizontale.

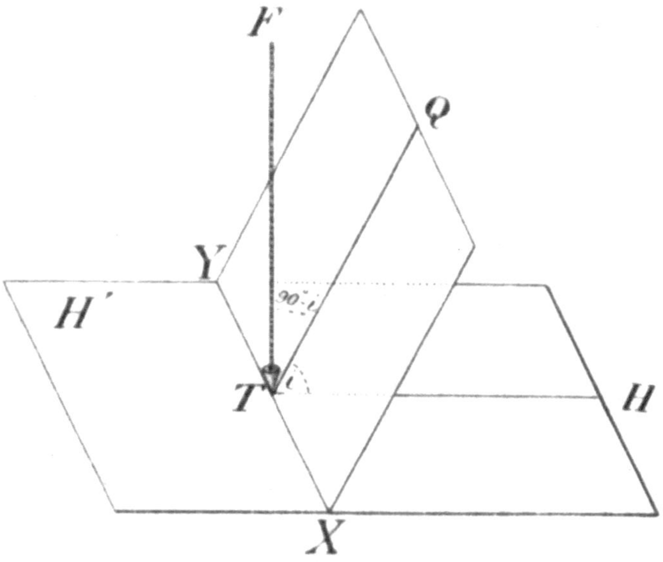

Fig. 68. – Détermination de l'inclinaison i du plan QXY.

Ainsi, pour le plan donné, nous pouvons supposer connue toute horizontale, et aussi la déviation D*a* de ce plan.

98. *Détermination de l'inclinaison i.* — En un point quelconque T (fig. 68) d'une horizontale XY du plan donné menons TQ perpendiculaire à XY dans ce plan donné, et TH perpendiculaire à XY dans le plan horizontal quelconque HH'. Par définition, l'inclinaison *i* du plan donné est l'angle QTH formé par les deux droites ainsi menées TQ et TH, et l'on peut facilement (**120**) exprimer en nombres un angle dont on donne les côtés.

La détermination directe de l'angle *i* = QTH présente parfois des difficultés. Souvent alors on pourra mesurer son complément FTQ = $90^0 - i$, déterminé au moyen d'un fil à plomb FT aboutissant exactement au point T.

Toutefois, il faut montrer géométriquement que TQ se trouve dans le plan FTH.

En effet, le fil à plomb FT, perpendiculaire au plan horizontal HH', est perpendiculaire à toute droite TX, TH qui passe par son pied dans ce plan HH'. Ainsi TX est perpendiculaire à TH par construction et aussi à TF, donc au plan FTH et par suite à la trace de ce plan FTH avec le plan donné. Or TQ, dans ce même plan QXY, est perpendiculaire à TX : elle est donc cette trace même des deux plans.

99. Quant à la mesure effective de l'angle FTQ, chacun peut imaginer un moyen de la réaliser. Autrefois on construisait, sous le nom d'*Inclinatoires*, de petits instruments tels que ceux des figures 69 et 70, que l'on peut employer pour cela.

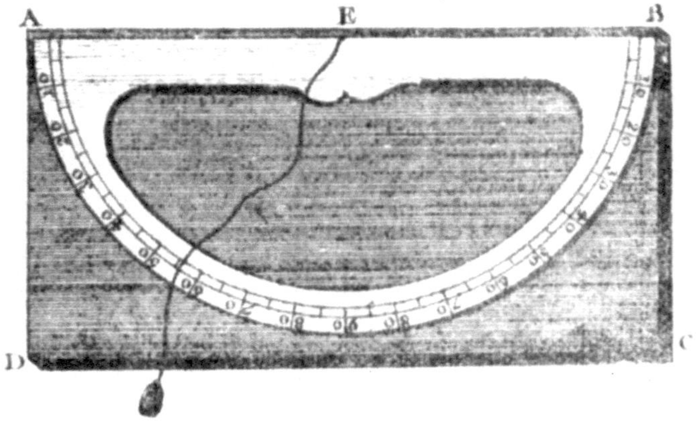

Fig. 69. – Inclinatoire.

100. Les définitions que nous avons données(**43**) du *style droit* de son *sommet*, de son *pied*, de sa *hauteur*, de sa *sous-stylaire*, etc., s'appliquent encore aux cadrans plans inclinés.

Ici, encore, la sous-stylaire et l'équinoxiale se coupent à angle droit, etc. Toutefois, on a introduit autrefois quelques définitions nouvelles.

Ainsi on appelle zénith et nadir du plan (Table) les points où le style droit va percer la sphère céleste ; ils sont donc bien différents du zénith et du nadir du lieu, qui correspondent au prolongement du fil à plomb.

De même on donne le nom de *verticale du plan* à la ligne TQ (fig. 68), appelée aujourd'hui *ligne de plus grande pente*. Et il est évident que cette verticale du plan et l'horizontale se coupent aussi à angles droits.

Si l'on voulait traiter en détail le problème du tracé des cadrans sur des plans inclinés, la méthode analytique, employée par J.-B. Biot[30], par J. Mollet[31], ..., serait à préférer. Mais, comme nous l'avons dit, il ne paraît pas utile de s'étendre longuement sur ce sujet.

[30] *Traité élémentaire d'Astronomie physique*, 3e éd., t. I, 1841, p. 75, 104.

[31] *Gnomonique graphique... suivie de la Gnomonique analytique...*, 5e éd., 1855, p. 66

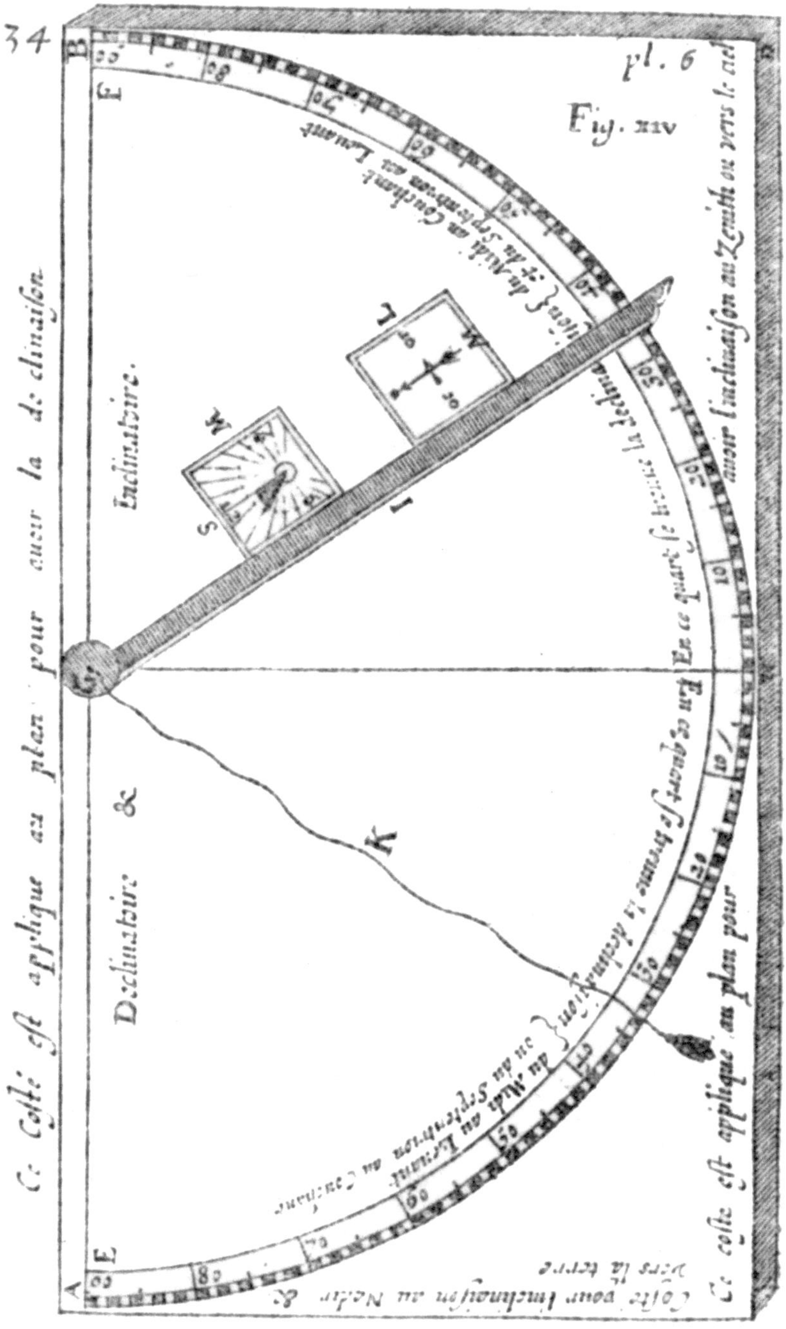

Fig. 70. – Inclinatoire.

III. — Orientation de l'Axe-Style dans les Cadrans plans inclinés

101. Soit, dans l'espace, MN (fig. 71) le plan donné quelconque. En P, choisi arbitrairement sur ce plan, élevons un style droit P*o*, de longueur prise à volonté, dont P soit le pied et *o* le sommet.

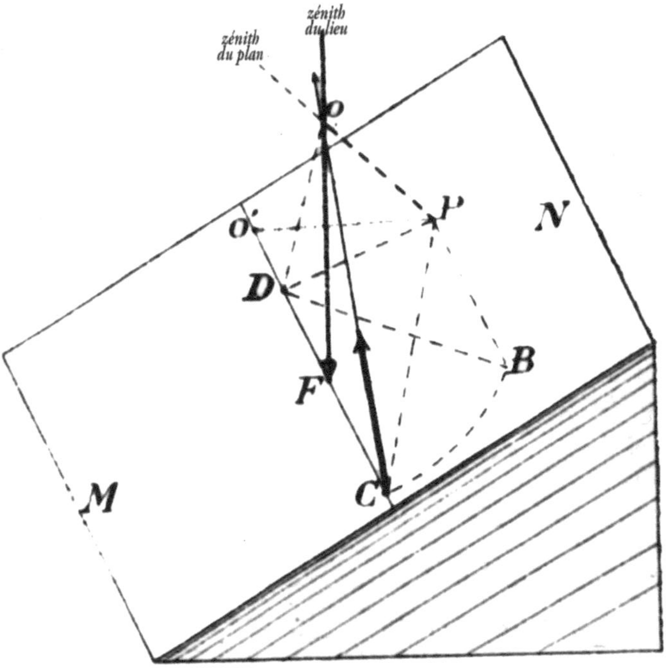

Fig. 71. — Orientation du style dans les Cadrans inclinés (figure dans l'espace).

C'est par ce point *o* qu'on veut faire passer l'axe-style, et il s'agit de trouver le point C où ce style vient percer le plan donné.

À midi vrai, marquons sur ce plan le point *o'* où tombe l'ombre du sommet *o* ; en outre, faisons passer par le même sommet *o* un fil à plomb *o*F qui marque le point F sur le plan : la droite F*o'* est la méridienne du Cadran, et elle renferme le centre cherché C.

Pour achever de déterminer ce point C, il suffit de construire le triangle rectangle de l'espace *o*PC, où *o* P est mesurable, donc supposé connu, et où l'angle *o*CP est la différence entre la latitude φ du lieu et l'inclinaison *i* du plan, connues l'une et l'autre par hypothèse.

102. Il n'est pas indispensable de connaître l'inclinaison *i*, car le point d'ombre *o'* permet de la construire. Menons, en effet, PD perpendiculaire à DC (fig. 71) et imaginons que l'on joigne *o*D : d'après le théorème des trois perpendiculaires, *o*D est perpendiculaire à DC, et nous pouvons construire sa longueur, par exemple en rabattant le triangle rectangle *o*PD de l'espace sur le plan donné, autour de PD ; il suffit de mener PB parallèle à DC c'est-à-dire perpendiculaire à PD et de prendre sa longueur égale à la hauteur mesurée du style droit : BD est la longueur de *o*D.

Mais alors, dans le triangle *o*DF, rectangle en D nous connaissons *o*D et DF, et par suite nous pouvons construire ce triangle en vraie grandeur.

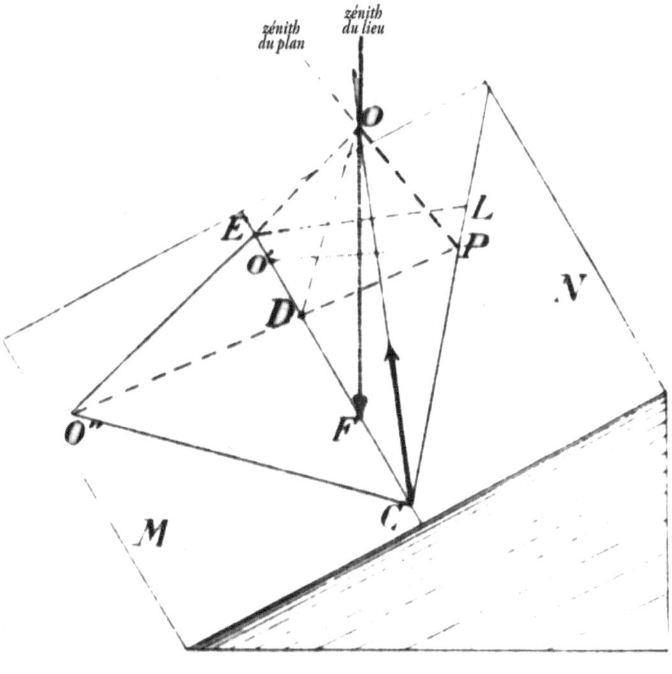

Fig. 72.

Pour cela, menons (fig. 72) DO" perpendiculaire à DC et prenons DO" égal à DO, c'est-à-dire à DB de la figure précédente ; enfin joignons O"F (cette ligne O"F n'est pas tracée sur la figure) : le triangle ODF se trouve rabattu en vraie grandeur suivant O"DF, et l'angle DO"F est l'inclinaison *i* du plan, car il est la distance du zénith du plan au zénith du lieu.

Pour obtenir graphiquement le point C, il suffira maintenant de faire l'angle DO"C égal à 90⁰ – φ, ou l'angle FO"C égal à 90° – φ – *i*.

On voit que, suivant que le plan prolongé passe en dessus ou en dessous du pôle, il y aura lieu de porter les lignes d'un côté ou de l'autre, etc. Mais il ne paraît pas utile d'insister sur ces distinctions.

IV. — Construction du Cadran plan incliné

103. *Méthode graphique.* — Nous allons appliquer la méthode générale (19) en nous servant par exemple d'un Cadran équatorial. On pourrait utiliser effectivement un Cadran équatorial portatif, placé au point O (fig. 72), mais il sera pratiquement bien plus facile de construire l'épure correspondante, c'est-à-dire celle de la figure 78, traduction, sur le plan du papier, de la figure 72 de l'espace.

Soient, en *p*, *d*, *f* (fig. 73) les points P, D, F de la figure 72. Tirons la méridienne *cd* du plan, construisons le triangle *dpb* en menant *pb* parallèle à *cd* et prenant *pb* égal à la hauteur arbitraire du style droit.

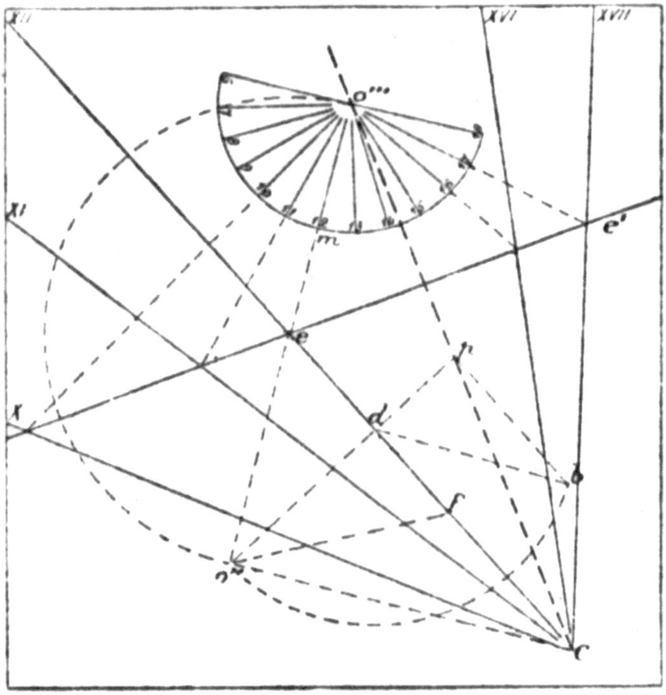

Fig. 73.— Construction du cadran plan incliné.
Mise en épure de la figure 72 de l'espace.

Déterminons le point *o*″ en prenant *do*″ = *db* ; faisons l'angle *co*″*d* = 90° − φ (ou *fo*″*c* = 90° − φ − *i*) et ainsi nous obtenons le point *c*, puis la sous-stylaire *cp*.

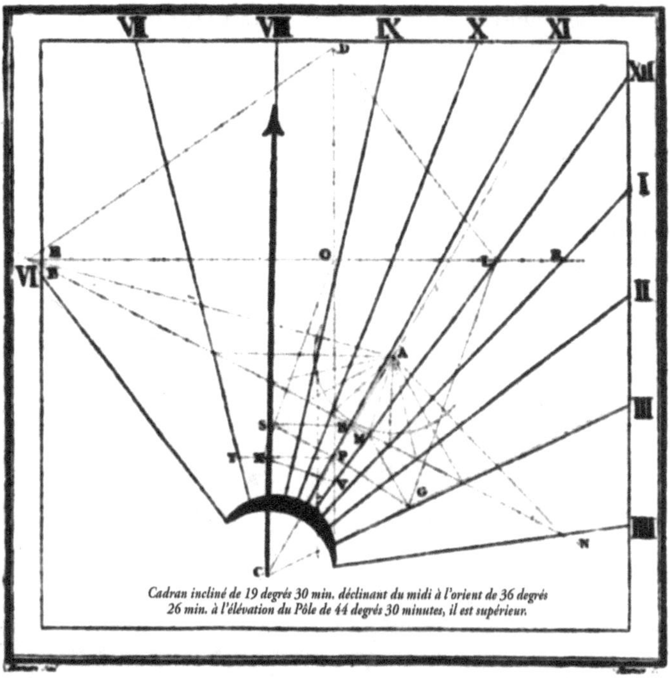

Fig. 74. – Autre épure de construction du Cadran plan incliné.

Menons *o*″*c* perpendiculaire à *o*″*c*, le point *c* étant la rencontre de la méridienne *ce* du plan avec *o*″*e* ; et avec une ouverture de compas égale à *o*″*e*, de *e* comme centre, traçons un arc de cercle qui coupe la sous-stylaire au point *o*‴ par exemple : ce point *o*‴ est, sur le plan de la figure, le rabattement de l'équateur passant par le sommet O du style droit.

Autour de ce point *o*‴ traçons le Cadran équatorial *o*‴*m* et prolongeons ses lignes horaires jusqu'à l'équinoxiale *ce*′ : en joignant les points de rencontre au centre *c* on aura les lignes horaires du Cadran à construire.

Pour le tracé de ces Cadrans inclinés, on a imaginé nombre d'autres méthodes du même genre, dont on trouve l'indication par exemple dans *La Gnomonique* de De la Hire, Paris, 1682.

104. *Méthode numérique.* — Ces constructions graphiques peuvent être remplacées par le calcul ; nous nous bornerons, pour ce moyen, à renvoyer à l'*Encyclopédie méthodique.* Mathématiques, t. 1, p. 246.

105. *Cadran polaire.* — Après le Cadran équatorial, le plus simple des Cadrans inclinés est celui qui est tracé sur un plan passant par le pôle même, et dont la trace horizontale est exactement orientée Est-Ouest. C'est ce qu'on appelle le *Cadran polaire non déclinant.* Sa construction, indiquée par la figure 75, est analogue à celle du Cadran oriental ou du Cadran occidental (**79**).

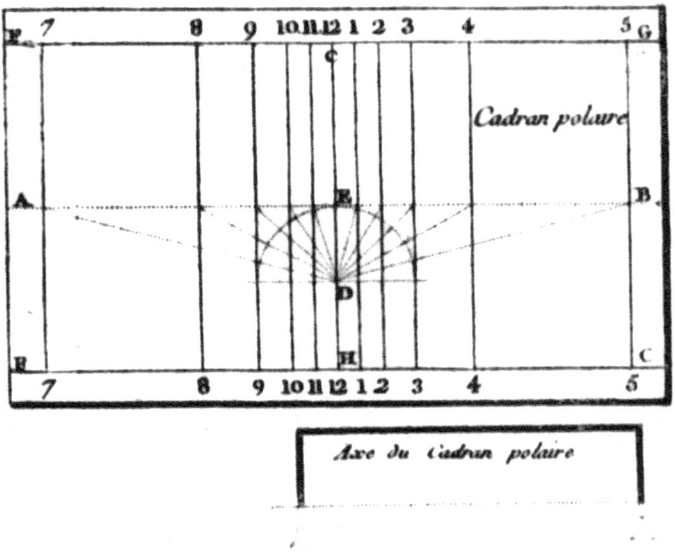

Fig. 75. – Cadran polaire.

CHAPITRE X

Cadrans divers. Devises horaires

I. — Cadrans tracés sur des surfaces courbes

106. Toujours en appliquant la même méthode générale qui emploie un cadran auxiliaire (**19**), et dont la figure 13 explique aussi le principe, on peut également tracer des cadrans solaires sur des surfaces courbes quelconques.

Aujourd'hui on emploie rarement de telles surfaces, mais il n'en était pas de même autrefois et les surfaces que l'on rencontre le plus fréquemment sont celles de la sphère et du cylindre droit.

Parmi ces derniers, un Cadran célèbre mais très spécial est celui que Pingré a tracé sur la colonne dite de la Halle aux blés, à Paris. Voir Pingré, *Mémoire sur la colonne de la Halle aux blés, et sur le Cadran cylindrique que l'on construisit au haut de cette colonne,* Paris, 1764. Voir aussi Lalande, *Encyclopédie méthodique.* Mathématiques, I (1784), p. 251.

La figure 76 représente, d'après le *Dictionnaire de l'Académie des Beaux-Arts,* t. II, p. 419, pl. 30, un Cadran tracé sur une surface concave et qui, avant l'incendie de 1871, existait à l'Hôtel de Ville de Paris, dans l'ancienne cour construite à l'époque de la Renaissance.

II. — Cadrans singuliers

107. *Cadran de Besancon.* — Ce cadran, construit par Bizot, conseiller au présidial de Besançon, ur un mur vertical déclinant, est d'une espèce singulière, car il n'est visible que lorsque le Soleil brille.

Fig. 76. — Cadrans traces sur des surfaces courbes.

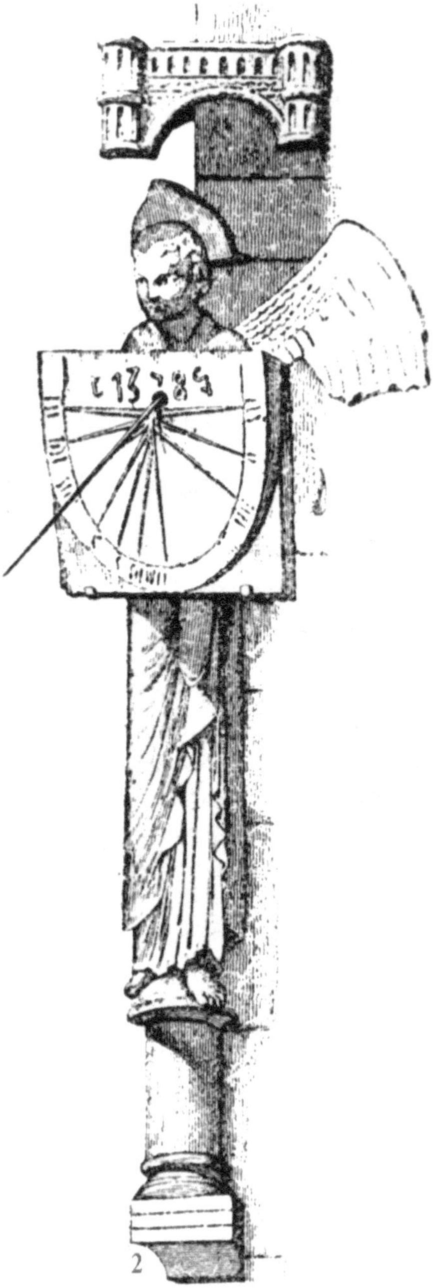

Fig. 77. — Cadran de l'ancien Hôtel de Ville de Paris.

Le mur, en effet, se trouve couvert par un avant-toit métallique dans lequel on a tracé et évidé à la lime les lignes horaires et les chiffres correspondants : le Soleil, en passant par ces ouvertures, fait apparaître le cadran en clair. Un ange, peint sur le mur, marque du bout du doigt l'heure actuelle. Voir *Mercure de France* de février 1758.

III. — Devises horaires

108. Souvent les anciens cadrans solaires étaient ornés de motifs intéressants et de devises : pour celles-ci, il en a été formé des recueils dont le plus complet, relativement aux Cadrans de France, paraît être celui que le baron de Rivières a publié sous le titre d'*Inscriptions et devises horaires*, dans les tomes 43 (1877) et 44 (1878) du *Bulletin Monumental* ou *Collection de Mémoires et de renseignements sur la statistique monumentale de la France*, dirigé par L. Palustre.

Les inscriptions sont classées par catégories, principalement suivant l'idée dominante, dans cet ordre :

1°. Marche du Soleil ;
2°. Brièveté île la vie ;
3°. Prix du temps ;
4°. Pensées morales ou religieuses ;
5°. Pensées diverses ;

Etc.

Un petit supplément, ajouté par M. de Marsy, se trouve dans le *Bulletin de la Société de l'Histoire de Paris et de l'Ile-de-France*, t. VIII (1881, 8e année), p. 26-27. En même temps, il signale des Notes sur le même sujet, par J.-A.-F. Léré (1787), relatives aux devises des Cadrans solaires de Paris.

On peut voir aussi sur ce sujet un volume récent: Jadart, *Cadrans solaires, légendes et devises horaires.*

On trouve également quelques inscriptions de cadrans solaires dans : P. Bouhours, *Pensées ingénieuses*, in-12, 1717.

CHAPITRE XI

Cadrans de hauteur, d'azimut. Cadrans analemmatiques

109. Le principe de ces cadrans est tout à fait différent de celui qui sert de base à ceux dont nous venons de parler.

Dans ceux-ci, le caractère essentiel c'est d'avoir un style (réel ou fictif) orienté vers le pôle,; tandis que dans les cadrans de hauteur, d'azimut, la direction du style est variable. Un premier exemple (**111**) montrera clairement la différence de principe.

Pour construire les cadrans de hauteur, d'azimut, il est nécessaire de calculer d'abord, pour la latitude du lieu considéré, des Tables de la hauteur ou de l'azimut du Soleil, d'heure en heure par exemple, et pour les diverses saisons.

110. *Tables des hauteurs, des azimuts du Soleil.* — Connaissant la latitude φ, on sait construire ou calculer (**138**...) la hauteur du Soleil ou son azimut pour une heure quelconque d'un jour donné. D'ailleurs, depuis longtemps, il existe de telles Tables pour diverses latitudes. Cela fait, la construction de cadrans de hauteur et d'azimut se fait aisément comme il suit :

111. *Cadrans de hauteur.* — On donne ce nom, qui prête à confusion, à des instruments de petites dimensions, construits sur des plaques de métal, de bois, d'ivoire, ... et dont les lignes ne sont autre chose que la traduction graphique des Tables de hauteur dont nous venons de parler.

Soit par exemple (fig. 78) ABCD la plaque considérée. Après avoir délimité la bordure et pris une longueur CG égale sensiblement aux

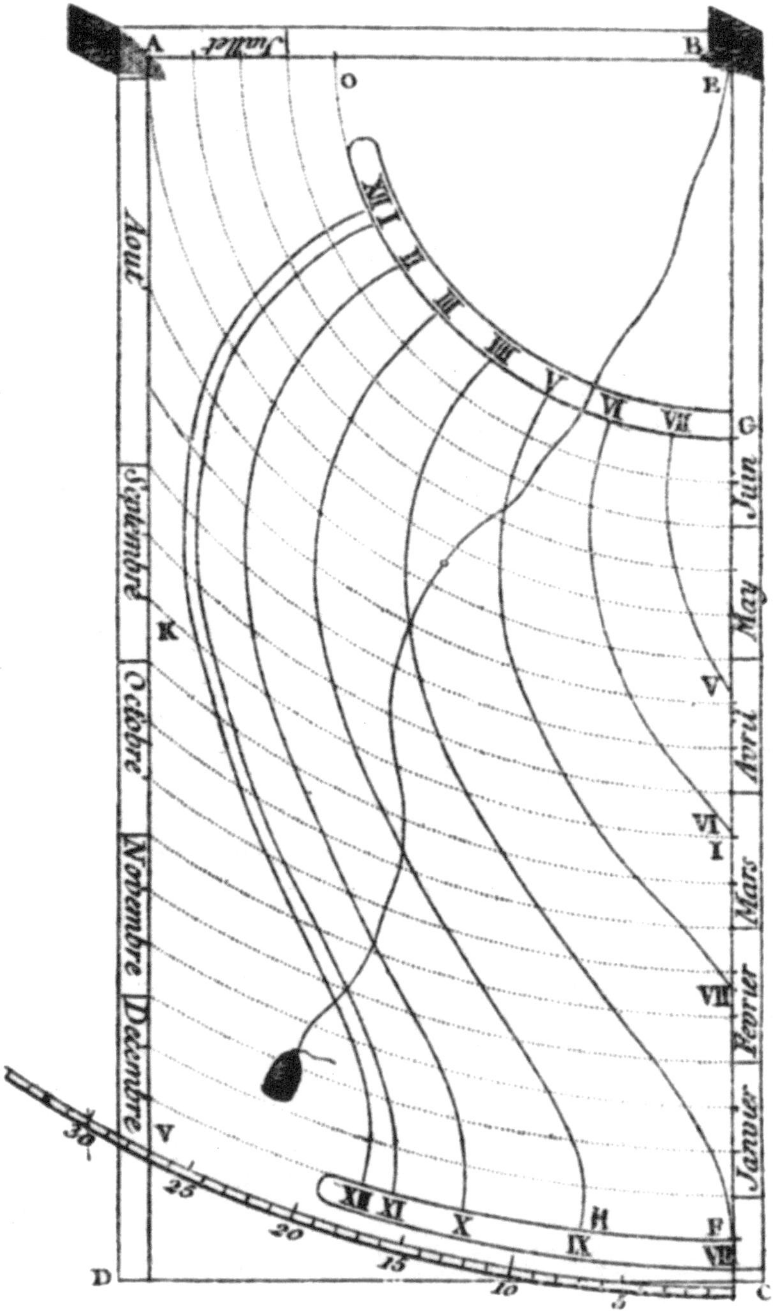

Fig. 78. . — Cadran de hauteur.

⅔ de la hauteur, on divise CG en 6 parties égales, correspondant aux entrées du Soleil dans les signes ascendants du Zodiaque, et que l'on peut subdiviser par exemple chacune en trois.

Du point E comme centre on décrit, par les points de division ainsi obtenus, autant d'arcs de circonférences qui seront effacés dans la suite, et l'on décrit en outre, avec le plus long rayon possible, l'arc CV que l'on prolonge et que l'on divise exactement en degrés et fractions.

Pour marquer un point quelconque, par exemple 9 h du matin pour le solstice d'hiver, 21 décembre, on cherche la hauteur du Soleil (**110**) soit 7° ¼ ; on mène une droite du point E à 7° ¼, ce qui donne le point H sur la circonférence FH correspondant au solstice d'hiver.

De même, pour un autre arc IK correspondant à l'équinoxe du printemps, 21 mars, on trouve que la hauteur du Soleil à midi est 41° : une ligne menée par E et par la division 41° de l'arc divisé CV, donnera le point K sur l'arc IK. Et ainsi pour toutes les heures et pour tous les arcs de circonférence décrits de E comme centre. Puis, par des courbes continues, telles que les montre la figure 78, on réunit pour une même heure tous les points ainsi obtenus.

Cela fait, on supprime la partie de l'arc CV qui déborde, on inscrit les noms des mois à la place des signes du Zodiaque, on perce exactement en E un trou pour le passage d'un fil à plomb, le long duquel coulisse une petite perle, un grain d'émail, un coulant quelconque, et l'on place en A et E des pinnules que l'on fait pliantes afin de faciliter le transport. À peine est-il utile de dire que les mêmes lignes servent pour les heures du matin et pour les heures du soir, pour les signes ascendants (Janvier-Juin) et pour les signes descendants (Juillet-Décembre).

Pour se servir de ce cadran, on redresse les pinnules, on fait glisser la petite perle pour qu'elle corresponde à peu près au jour où l'on est, et enfin on expose le cadran verticalement au Soleil de manière que la lumière solaire entrant par la pinnule B tombe bien sur la pinnule A : le fil à plomb tombant librement marque, auprès de la perle, l'heure qu'il est.

112. Parfois on a tracé ce genre de cadran sur un quart de cercle plein, mais suivant le même principe, de sorte qu'il n'y a de changement que dans l'aspect extérieur.

113. *Cadran de hauteur universel.* — Un autre cadran de hauteur est celui représenté par la figure 79 ; il est appelé quelquefois le *Capucin*, à cause de la forme pointue de sa partie supérieure.

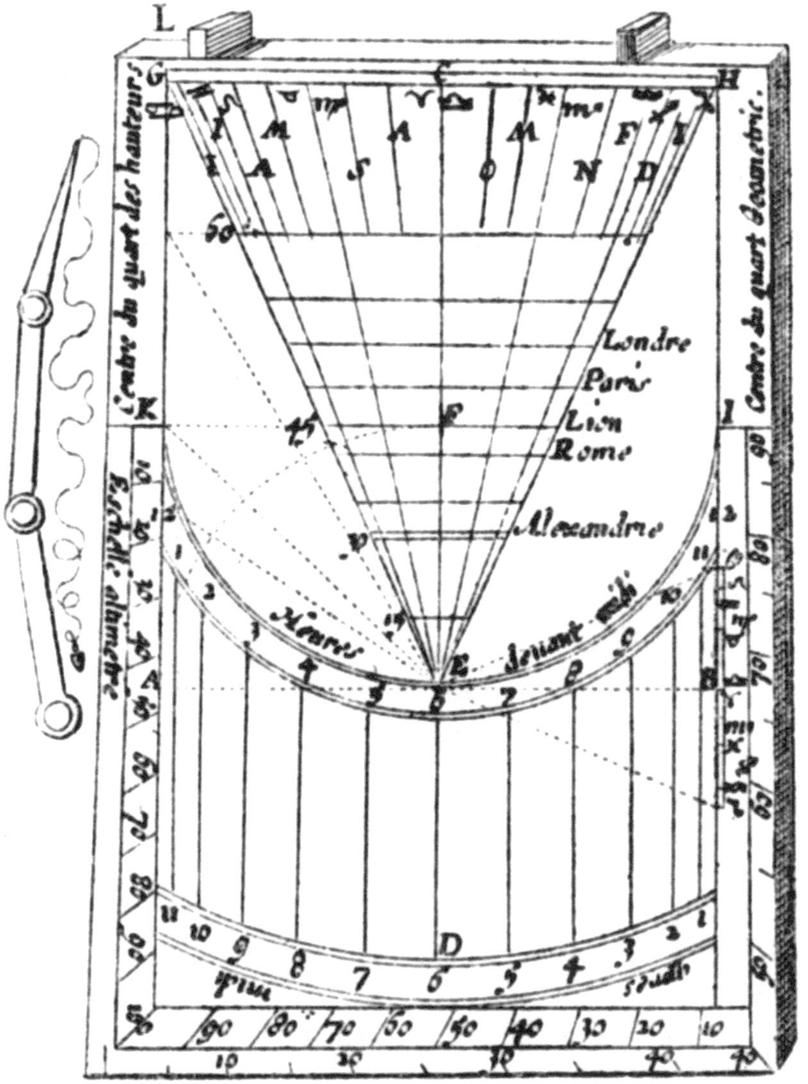

Fig. 79. — Cadran universel de hauteur.

111. *Cadran cylindrique de hauteur.* — On construit encore aujourd'hui de petites colonnes portatives en cylindre circulaire droit qui, présentées au Soleil, marquent l'heure par le moyen d'un style horizontal perpendiculaire à l'axe du cylindre.

La figure 80 montre à gauche le cadran (que d'ordinaire on suspend à un cordon) avec son style DE. La partie qui porte ce style est représentée en bas, avec style en place, tandis qu'à droite on voit la même partie avec style replié, le tout pouvant alors rentrer dans le corps de la colonne.

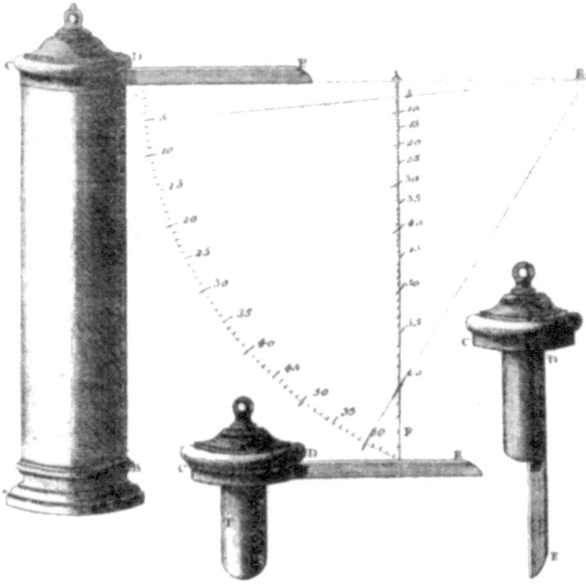

Fig. 80. — Cadran cylindrique de hauteur.

La figure 81 montre le développement extérieur du cylindre, avec les lignes qui y sont tracées.

La construction se fait suivant des principes analogues à ceux du cadran plan (**111**), aussi paraît-il inutile de la décrire en détail.

115. Pour se servir de ce cadran, on place le Style en dehors et l'on tourne le chapiteau jusqu'à ce que ce style soit sur la ligne du mois où l'on se trouve.

Alors, le cadran étant suspendu verticalement et le style tourné vers le Soleil, le bout de l'ombre de ce style arrive à la courbe de l'heure correspondante.

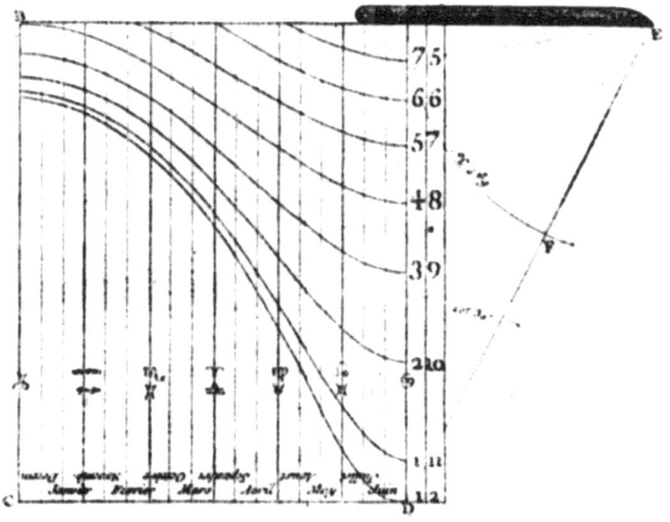

Fig. 81. – Développement du cylindre du cadran cylindrique de hauteur.

En raison de leurs petites dimensions, ces cadrans de hauteur ne comportent pas une grande précision. D'ailleurs, ils ont tous le défaut d'être peu exacts pour les heures voisines de midi, en raison de la faible variation que présente alors la hauteur du Soleil.

116. *Cadrans d'azimut.* — On a construit aussi des cadrans basés sur la variation d'azimut du Soleil aux diverses heures du jour et pour toute l'année. Ces cadrans sont même de deux sortes :

- Les cadrans *azimutaux*, dans lesquels le style est fixe ;
- Les cadrans *analemmatiques*, dont le style doit être déplacé dans le cours de l'année.

I. – *Cadrans azimutaux*, à style fixe. — En procédant à peu près comme pour les cadrans de hauteur (**111**), on construit par points les lignes horaires, qui sont des lignes courbes.

II. – *Cadrans analemmatiques.* — Dans ceux-ci, au contraire, les lignes horaires sont droites, mais le style, qui est vertical, est changeant.

Celui qu'on voit dans la figure 82, emprunté au Mémoire de Lalande cité plus loin, est portatif et associé à un cadran horizontal ; dans ces conditions, ces deux cadrans s'orientent mutuellement, sans qu'on ait besoin de méridienne ni de boussole, parce que, l'un ayant un style incliné et l'autre un style vertical, la marche de l'ombre est assez différente pour que leur accord soit une preuve de l'exactitude de l'orientation.

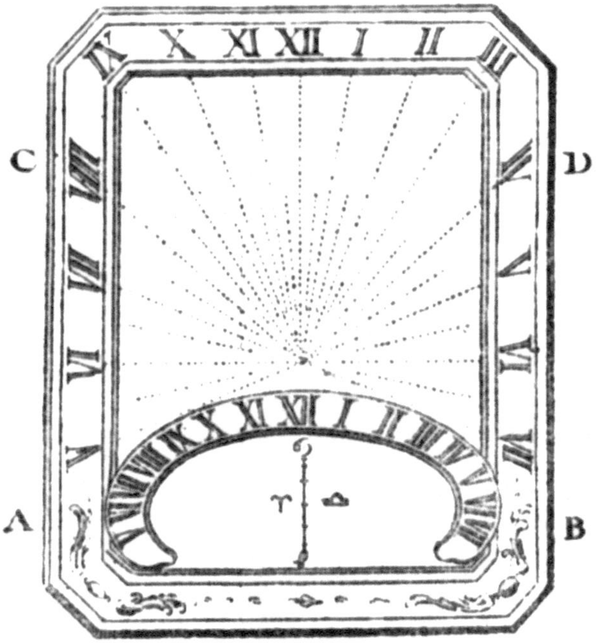

Fig. 82. —Cadran analemmatique, associé à un cadran horizontal.

La ligne ♑ ♋ marque les différentes positions du style, qui doit être fixé verticalement en ♑ le 21 décembre, en ♈ le 21 mars jour de l'équinoxe, en ♋ le 21 juin et ainsi pour les autres points intermédiaires.

Ce cadran analemmatique peut se construire dans un jardin, en grandes dimensions, avec des fleurs ou des gazons, sans aucun Style ; il suffit que l'observateur se place sur le point qui correspond au mois où l'on est, en tournant le dos au Soleil, pour qu'il voie son ombre marquer l'heure sur le contour du cadran.

Un cadran connu de ce genre est celui qui se trouve devant la grande porte d'entrée de la célèbre église de Brou, à un kilomètre de Bourg-en-Bresse. Si l'on se place sur la lettre qui indique le mois dans lequel on se trouve, l'ombre que l'on projette au Soleil passe sur l'heure qu'il est à ce moment.

On fait remonter au XVIe siècle l'origine de ce cadran de Brou qui, on le voit, tient autant du gnomon que du cadran solaire proprement dit. Sur la construction de ce genre de Cadrans on peut voir un Mémoire de Lalande, dans *Mémoires de l'Académie des Sciences* pour 1757, p. 483-489.

Préalablement à la construction d'un tel cadran, on en trace l'analemme, dont nous dirons un mot plus loin, et qui est la projection orthographique des principaux cercles de la sphère sur le méridien et sur l'horizon du lieu.

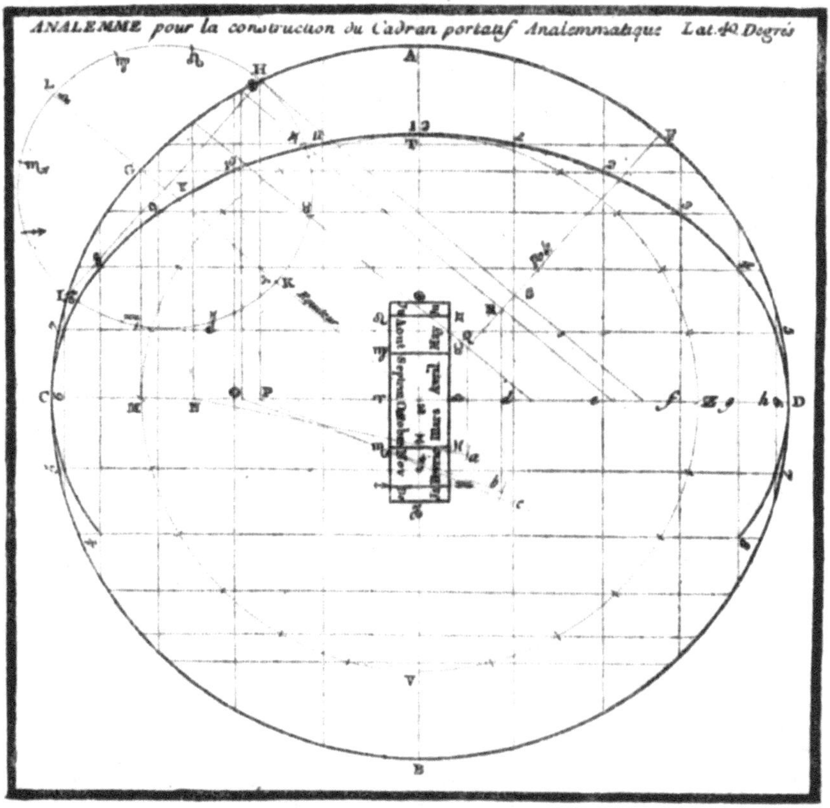

Fig. 83. – Épure du cadran analemmatique de la figure 84.

Ainsi l'analemme de la figure 83, où l'ellipse CTD est la projection orthographique de l'équateur sur l'horizon du lieu, est celui qui a servi à tracer le cadran de la figure 84. Le style, représenté à part, en haut et à droite (fig. 84), se place aux positions indiquées par le petit zodiaque central et par ce moyen, les lignes horaires restent fixes.

Nous allons donner maintenant, sous forme de *Compléments* :

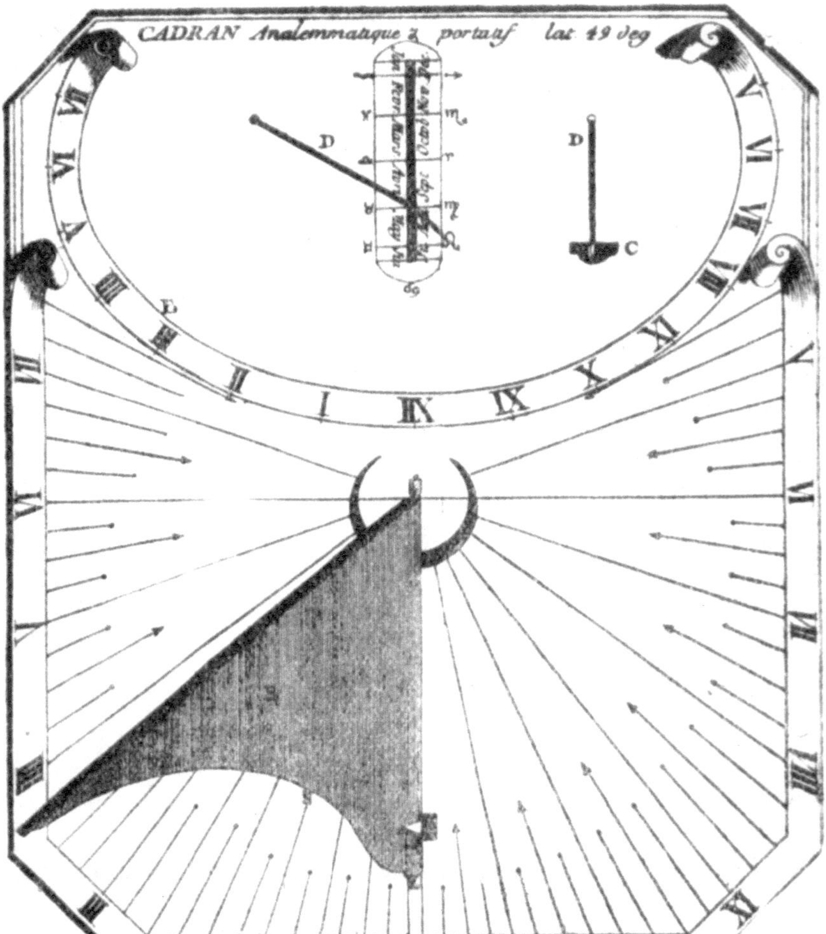

Fig. 84. — Cadran ou analemmatique, associé à un cadran horizontal.

I. – Des indications pratiques diverses qu'il a paru plus avantageux de ne pas entremêler aux explications théoriques sur les cadrans ; nous les faisons suivre de Tables destinées à éviter divers calculs.

II. – Quelques Tables relatives au Calendrier.

Complément I

Instruments utiles pour le tracé des Cadrans solaires

117. Ces instruments se trouvent réunis, pour la majeure partie, dans la figure 85, déjà donnée. En voici l'énumération :

1°. Un compas ordinaire, d'assez grandes dimensions; figuré à gauche.
2°. Un niveau à bulle d'air, que l'on voit en haut.
3°. Un fil a plomb.
4°. Une équerre double.
5°. Une équerre triple.
6°. Un faux Style.
7°. Un compas à verge, qui n'est pas figure en entier; sur le plat de sa tige on traçait souvent une échelle des cordes, telle que celle que l'on voit an bas de la figure 85.

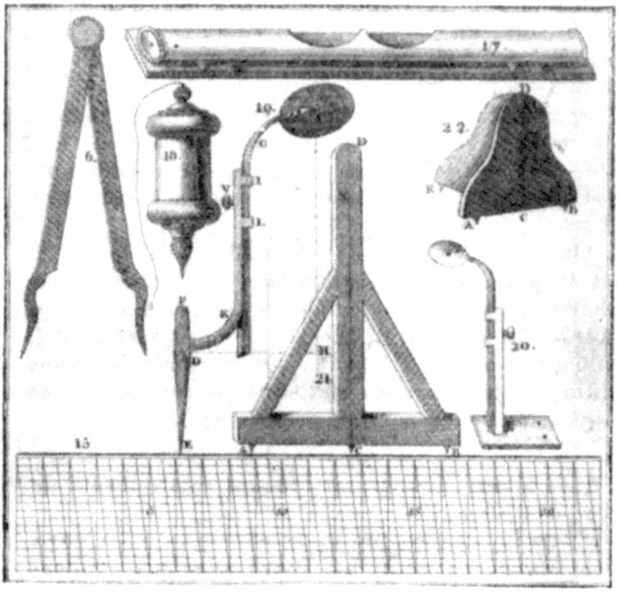

Fig. 85. — Principaux instruments utiles pour le tracé des cadrans solaires.

118. La figure 86 représente une des formes du faux Style qu'employaient les praticiens au VIIIe siècle pour mener un Style droit (**43**).

La tige DGC de longueur variable (0,30 m à 0,50 m) peut être changée grâce au coulissage de la partie IL, qui se fixe par le moyen de la vis de pression V.

La partie DE s'enfonce dans le mur, et il est bon qu'elle laisse le pied P bien dégagé : c'est la raison qui justifie l'emploi d'une tige coudée DGC.

L'extrémité C porte une plaque de 0,08 m à 0,10 m de diamètre, percée au centre d'un trou rond d'environ 6 à 8 mm de diamètre, qui donne, comme on sait (**4**), un point d'ombre mieux défini que celui formé par l'extrémité d'une tige.

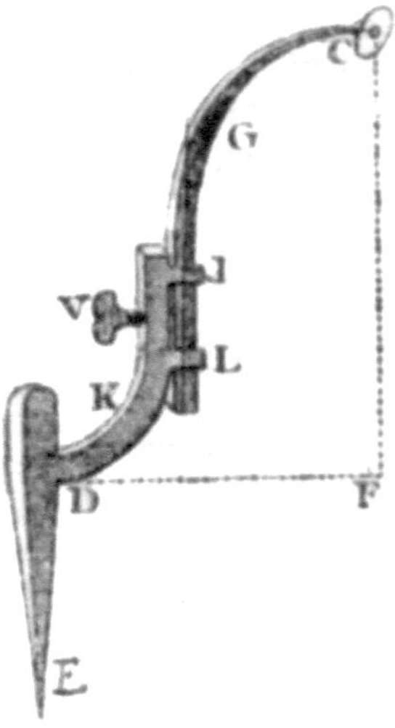

Fig. 86. — Faux-style.

Les figures 87, 88 représentent à part la double équerre et la triple équerre.

Pour abaisser du point O (fig. 32) la perpendiculaire OP au plan du mur, on peut employer soit la double équerre DAB (fig. 87), soit la triple équerre DEC (fig. 88), dont la construction et l'usage se conçoivent immédiatement.

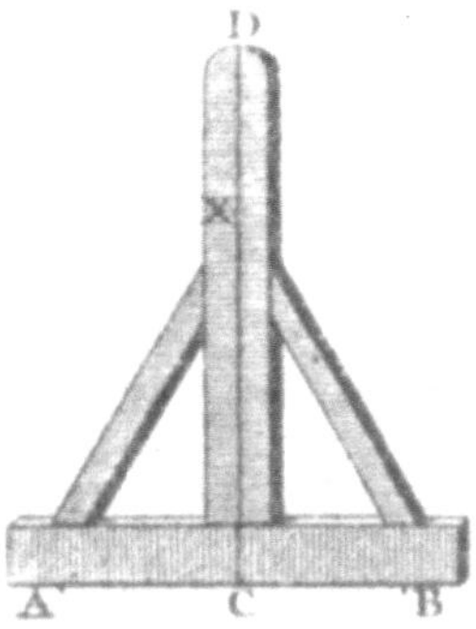

Fig. 87. - Double équerre.

En A' et B' sont des pointes de fer à peine saillantes qui empêchent le glissement contre la muraille.

Pour trouver le pied P, on peut aussi procéder de toute autre manière qui permette d'abaisser d'un point extérieur à un plan une perpendiculaire à ce plan.

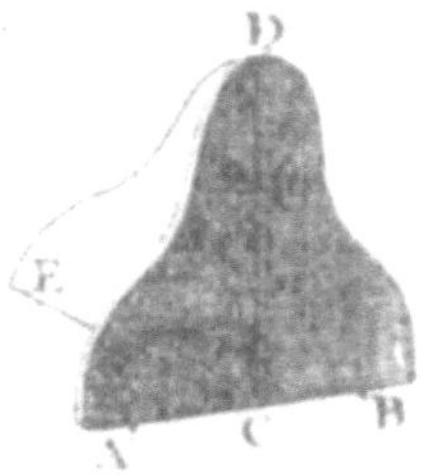

Fig. 88. - Triple équerre.

Préparation d'un mur
pour recevoir un Cadran vertical.

119. Nous avons toujours supposé précédemment (**35**...) que la Table du Cadran à construire est un plan parfaitement vertical et l'on sait que le plus souvent cette Table est formée par un mur. Voici comment on pourra préparer ce mur ABCD (fig. 89) pour qu'il remplisse ces conditions.

Fig. 89.

Après l'avoir au besoin mis à vif, par l'arasement du vieux crépissage, on jette une truellée de plâtre nouvellement gâché aux quatre coins de la Table, comme en E, F, G, H ; en E et F on ôte peu à peu de ce plâtre jusqu'à ce que le reste remplisse cette double condition :

1°. Que les petites surfaces E, F n'aient de saillie que ce que doit avoir la surface du Cadran ;

2°. Qu'une règle bien droite appliquée à la fois sur E et F, soit parallèle à un fil à plomb qu'on lui présente en mettant l'œil près du plan du mur.

Cela obtenu, on remplira de plâtre, le long de EF, tout le vide qui reste entre la règle et le mur.

On fera de même en G et H ; enfin on garnira de l'enduit choisi tout l'intervalle EFGH, de manière qu'une règle bien droite appliquée dessus dans tous les sens touche à la fois les lignes EF, GH et l'enduit intermédiaire, qui ainsi constituera la Table demandée.

Quand on a déterminé les lignes horaires on recouvre l'enduit de peinture, qui fait le fond, et l'on y trace définitivement les lignes du Cadran.

Problèmes auxiliaires divers

120. Problème 1. — *Un angle AOB (fig. 90), ayant ses côtés AB, AC, tracés sur un plan accessible quelconque, évaluer sa grandeur en degrés et minutes de degré.* — Pour cela on se sert le plus souvent d'un *Rapporteur*, petit instrument connu de tous, et qui est un demi-cercle de cuivre, de corne, etc. divisé en degrés de 0 à 180°.

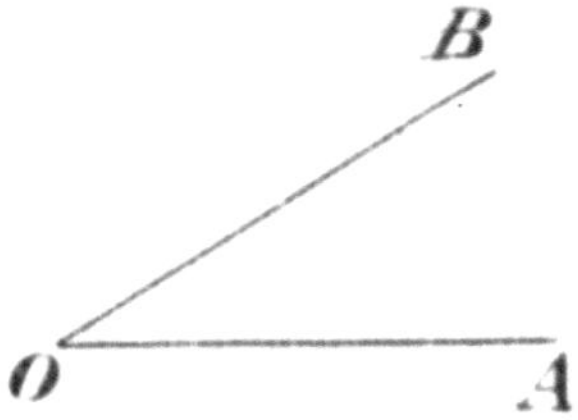

Fig. 90.

Mais ce genre d'instruments, même ceux de grandes dimensions, ne comportent pas une précision suffisante pour le tracé des cadrans solaires un peu grands. Un moyen plus exact est basé sur l'emploi d'une *Table des Cordes*, connue de temps immémorial puisqu'elle est la base de la Trigonométrie d'Hipparque, 150 ans av. J.-C.

121. On donne plus loin une telle Table (Table I) qui, pour un cercle de 1 m de rayon OA (fig. 91) donne la valeur des cordes AB, AC, AD[32],... de degré en degré et au dix-millième, c'est-à-dire au dixième de millimètre, ce qui est amplement suffisant pour toutes les constructions de cadrans.

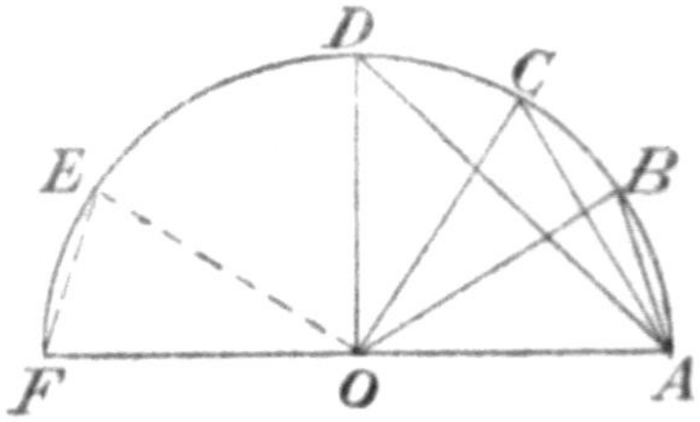

Fig. 91.

A un angle quelconque AOB correspond une seule corde AB, et inversement, de sorte que connaissant la longueur de la corde, la Table donne le nombre de degrés...

122. Un angle AOB (fig. 92), étant tracé, pour l'évaluer en degrés... on procédera donc ainsi :

Du sommet O comme centre, et avec une ouverture de compas O*a* exactement égale à 1 m, décrivons l'arc *adb* entre les côtés de l'angle, puis tirons la corde *acb* et mesurons-la. Si elle vaut 0,7975 m, la Table I citée nous répond que l'angle vaut exactement 47°.

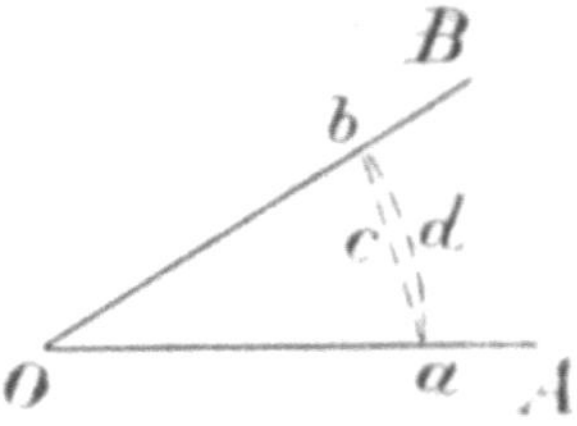

Fig. 92. — Évaluation d'un angle tracé AOB.

[32] Parfois les valeurs des cordes sont portées sur le plat du compas à verge, comme on le voit sur la figure 85. Certains auteurs les marquent aussi sur les planches de leurs ouvrages de gnomonique, mais alors la précision est médiocre à cause du jeu du papier.

Si cette corde vaut 0,7994 m, l'angle est compris entre 47° et 48° et une règle de parties proportionnelles montre que l'excédent sur 47° est

$$(7994 - 7975)\ /\ 160 \ = \ 19\ /\ 160 \ = \ 7'$$

Ainsi la valeur cherchée de l'angle AOB est 47° 7'.

La Table des parties proportionnelles, au bas des pages, donne le résultat sans calcul.

123. Problème II. — *Un angle étant donné en degrés..., tracer cet angle sur un plan accessible.* — Soit à tracer un angle de 14° 9' sur le mur VXYV' (fig. 93) au point C, et de manière que l'un des côtés soit la droite donnée CM.

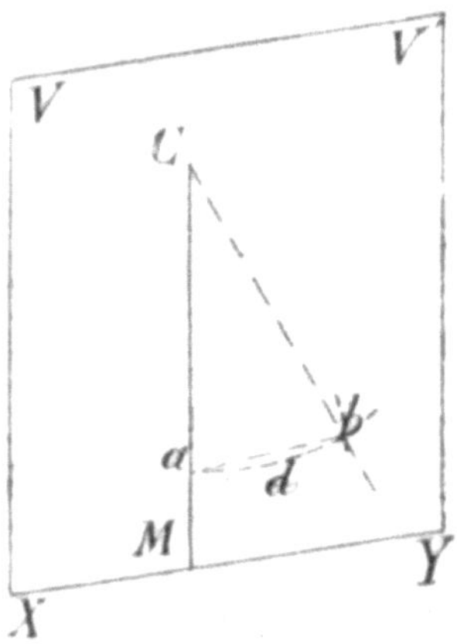

Fig. 93. — Tracé, sur un plan accessible, d'un angle donné en degrés.

La même Table I montre que la corde correspondant à cet angle, dans le cercle de 1 m de rayon, égale 0,2437 m + 0,0026 m = 0,2463 m.

Cela posé, avec une ouverture de compas de 1 m exactement, et du point donné C comme centre, traçons sur le mur l'arc *adb* puis avec une autre ouverture égale à 0,2463 et de *a* comme centre, traçons un second arc qui coupe le précédent au point *b* par exemple : en menant C*b* on aura l'angle à tracer *a*C*b*, égal à 14° 9'.

124. Remarque I. — Si l'angle dépasse 90°, comme AOE (fig. 91), on construira d'abord son supplément FOE, ce qui ensuite donnera AOE.

Remarque II. — Les cordes calculées ainsi dans la circonférence de 1 m de rayon conviennent assez bien pour le tracé des cadrans en place. Mais pour les constructions sur papier, ce rayon est trop grand. On peut alors prendre ce rayon dix fois plus petit et réduire les cordes dans le même rapport.

Au contraire, pour d'autres opérations le rayon de 1 m est parfois trop petit. On peut alors le prendre deux fois plus grand par exemple, et multiplier de même les cordes par 2.

En résumé, on prendra tel rayon qui conviendra, et l'on conservera le même rapport des cordes au rayon.

Remarque III. — La Table des cordes peut donner aussi les sinus et cosinus naturels de tous les arcs, car le sinus d'un arc *a* est la moitié de la corde de l'arc double ou 2 *a* :

$$\sin a = \tfrac{1}{2} \text{ corde } 2a$$

Comme nous avons dit, les cordes sont employées depuis l'antiquité dans la mesure des angles. Pour la facilité des calculs on préfère généralement les sinus... aux cordes ; mais dans les opérations graphiques celles-ci sont souvent plus commodes.

125. **Problème III.** — *Connaissant l'heure légale, trouver l'heure vraie et inversement.* — Pour cela il faut tenir compte de la date de l'année, à cause de l'équation du temps, et de la longitude, que nous supposerons rapportée au méridien de Paris.

Nous allons donner des exemples des divers cas qui peuvent se présenter.

Remarquons d'abord que le terme heure légale a lui-même besoin d'être précisé, depuis qu'on a établi l'heure d'été, en avance de 60 mn sur l'heure d'hiver.

On sait que, d'après la loi du 9 mars 1911, notre heure d'hiver est l'heure moyenne de Greenwich.

I. - Pour Paris on demande quelle est l'heure légale (t. d'été) à l'instant du midi vrai, le 25 août 1920.

La réponse est fournie immédiatement par l'*Annuaire du Bureau des Longitudes de 1920* qui donne pour chaque jour, dans la colonne *Passage [du Soleil] au méridien de Paris*, l'heure de ce passage.

Ainsi page 16, à la date du 25, on lit $11^h\ 52^{mn}\ 41^s$ (t. d'hiver). Ce jour-là, le midi vrai arrive donc à $12^h\ 52^{mn}\ 41^s$ (t. d'été).

II. - Pour un lieu situé à $0^h\ 6^m\ 11^s$ de longitude Ouest de Paris, quelle est, le 25 août 1920, l'heure légale d'été qui correspond à midi vrai ?

Ce lieu étant à l'Ouest de Paris, son midi vrai arrive plus tard qu'à Paris, et de $6^{mn}\ 11^s$. Comme le temps légal est le même dans toute la France, le midi vrai a lieu à $12^h\ 52^{mn}\ 41^s + 6^{mn}\ 11^s$ ou à $12^h\ 59^{mn}\ 2^s$ de temps légal (heure d'été).

III. - Le 25 août 1920 un cadran solaire de Paris marquait $10^h\ 45^{mn}\ 0^s$. Que devait marquer une montre réglée sur le temps légal d'été ?

D après l'*Annuaire*, le midi vrai de Paris précède le midi légal (h. d'hiver) de $12^h - 11^h\ 52^{mn}\ 41^s = 0^h\ 7^{mn}\ 19^s$. Et la veille il le précédait de $7^{mn}\ 3^s$. Proportionnellement, à $10^h\ 45^{mn}\ 0^s$ le temps vrai précédait de 1^s de moins qu'à midi, soit de $7^{mn}\ 18^s$. Ainsi à $10^h\ 45^{mn}\ 0^s$ du cadran, il était $10^h\ 45^{mn}\ 0^s + 7^{mn}\ 18^s = 10^h\ 52^{mn}\ 18^s$ (heure d'hiver) ou $11^h\ 52^{mn}\ 18^s$ (heure d'été).

IV. - Dans le même lieu ci-dessus, situé à $6^{mn}\ 11^{s}$ à l'Ouest de Paris, et à la même date, un cadran solaire marquait $10^{h}\ 45^{mn}\ 0^{s}$. Que devait marquer une montre réglée sur le temps légal d'été ?

Au moment considéré il était à Paris $10^{h}\ 45^{mn}\ 0^{s} + 6^{mn}\ 11^{s}$ de temps vrai, donc

$$10^{h}\ 45^{mn}\ 0^{s} + 6^{mn}\ 11^{s} + 7^{mn}\ 18^{s} = 10^{h}\ 58^{mn}\ 29^{s}$$

de temps légal d'hiver. La montre devait donc marquer $11^{h}\ 58^{mn}\ 29^{s}$ (heure d'été).

Pratiquement il suffit donc d'ajouter à l'heure du cadran de Paris les longitudes Ouest et de retrancher les longitudes Est.

126. Problème IV. — *Détermination du Méridien, de la Méridienne.* — Pour un lieu terrestre quelconque, on appelle plan méridien de ce lieu le plan vertical qui contient l'axe du monde, ou ligne des pôles ; celle-ci est la ligne idéale autour de laquelle semble tourner la sphère céleste.

Le plan méridien contient donc la verticale du lieu, et par suite, passe par le zénith et par le nadir.

On appelle ordinairement ligne méridienne ou simplement méridienne, la ligne suivant laquelle le plan méridien coupe le plan de l'horizon. Mais eu gnomonique ou appelle aussi méridienne l'intersection du méridien avec un plan vertical, ce qui fait donner à cette dernière le nom de méridienne verticale. Alors la méridienne proprement dite est appelée méridienne horizontale.

Voici, indiqués sommairement, les moyens les plus simples de tracer la méridienne horizontale d'un lieu.

127. 1° *Avec la boussole.* — L'*Annuaire* du Bureau des Longitudes donne la déclinaison de l'aiguille aimantée pour tous les chefs-lieux d'arrondissement, et une règle de proportion permettra d'en déduire la déclinaison magnétique pour le point considéré quelconque, supposé en France[33].

Cela connu, on tournera la boussole jusqu'à ce que la pointe de l'aiguille réponde à la déclinaison trouvée : alors la ligne de foi de la boussole sera dans la direction Nord-Sud, direction que l'on marquera au moyen de jalons : c'est celle de la méridienne horizontale.

[33] La carte des isogones ou lignes d'égale déclinaison magnétique, donnée ci-après (fig. 98, p. 132), pourra aussi fournir la déclinaison magnétique pour un point quelconque de la France. Cette carte donne la déclinaison pour le 1er janvier 1911.

La déclinaison magnétique, partout occidentale en France, diminue actuellement de 6' à 7' par an.

128. 2° *Par des ombres solaires égales.* — Au-dessus d'un sol horizontal HH' plaçons un point fixe O, soutenu n'importe comment, mais qui porte ombre. Avec un fil à plomb déterminons le point P du sol où passe la verticale de O, et autour de P comme centre, traçons une circonférence AA' que puisse atteindre l'ombre du point O.

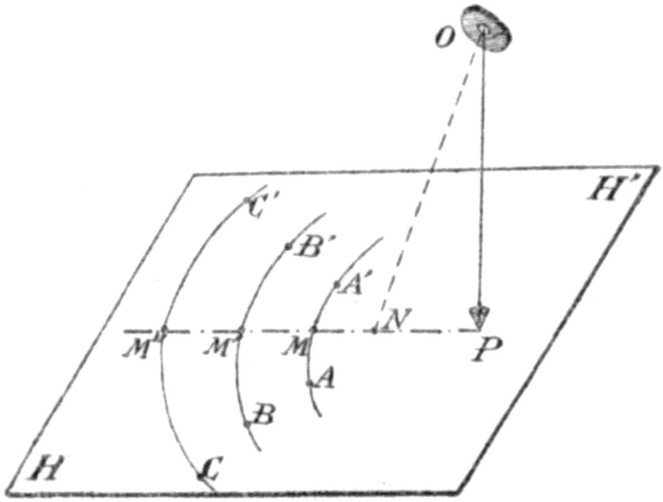

Fig. 94. — Tracé de la méridienne PMM'M" par des ombres solaires égales.

Après le lever du Soleil, quand l'ombre du point O atteindra cette circonférence, marquons le point correspondant, A par exemple. Ensuite, après midi, quand l'ombre de O repassera exactement sur la même circonférence, marquons de même le nouveau point A'. Enfin, avec un compas cherchons le milieu M de l'arc AA' : en joignant ce milieu M au point P on aura la méridienne horizontale demandée.

129. Remarque I. — Pour opérer plus commodément et obtenir plus de précision, autour de P comme centre commun on tracera plusieurs circonférences AA', BB', CC', et l'on marquera le matin les points C, B, A, où l'ombre atteint successivement les diverses circonférences, puis le soir de même les points A', B', C', ... : les milieux M, M', M" des arcs AA', BB', CC' ... doivent se trouver, avec le point P, sur une même droite qui est la méridienne.

Remarque II. — À midi vrai l'ombre tombe sur la ligne PMM'M", et inversement. Si donc un jour on dispose d'une montre bien réglée, on pourra renverser le problème et marquer l'ombre à midi vrai : la méridienne est la ligne qui joint ce point d'ombre au point P.

Remarque III. — Cette méthode, appliquée avec précision, au moyen d'un théodolite par exemple, constitue la méthode des hauteurs correspondantes.

La figure 95 montre l'application de la même méthode sur une planchette, supposée placée horizontalement.

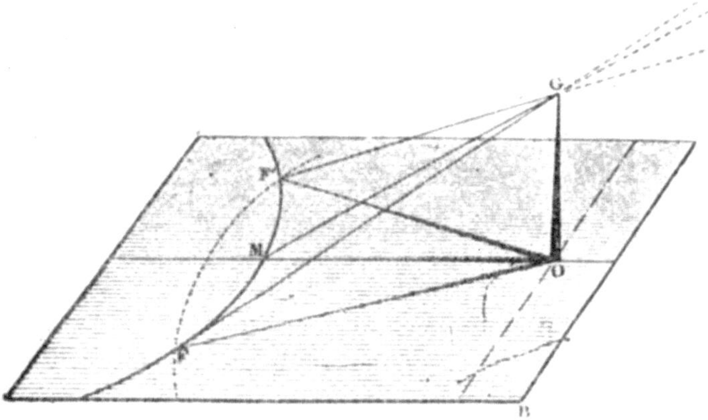

Fig. 95. — Gnomon simple OG employé pour déterminer la direction OM du méridien, par le moyen d'ombres égales OF, OF'.

130. 3° *Par l'étoile polaire.* — Soit * cette étoile (fig. 96). Prenons deux fils à plomb A, B, dont l'un A est supposé fixe, tandis que l'autre B peut se déplacer ; mettons l'œil immédiatement derrière celui-ci et déplaçons à la fois le fil B et l'œil jusqu'à ce que l'on voie le fil AA' se projeter sur l'étoile : la direction correspondante projetée sur le sol en A'B' est là méridienne ; on la marquera par des jalons.

On sera souvent obligé d'éclairer légèrement le fil AA', ce qu'on fera avec une lampe placée derrière l'observateur. On pourra aussi le blanchir.

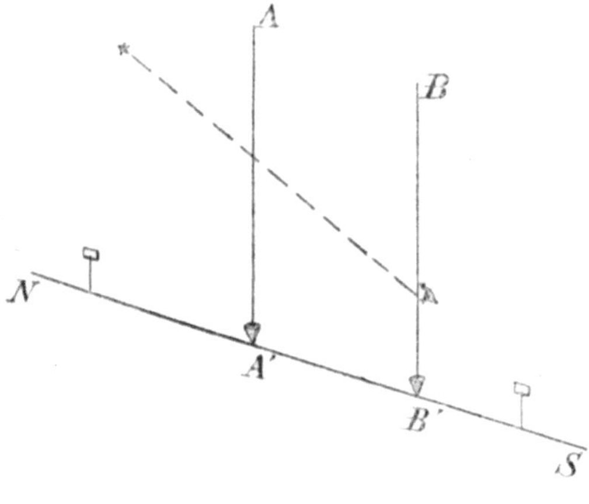

Fig. 96. — Tracé de la méridienne par un alignement sur le pôle, sur l'étoile polaire, etc.

Ce fil à plomb AA' sera commodément remplacé par l'arête d'une maison, par exemple, dont on aura eu soin de vérifier la verticalité.

131. Ce moyen ne donne pas une méridienne bien parfaite parce que l'étoile polaire n'est pas exactement au pôle. On obtiendra beaucoup plus de précision en modifiant la méthode comme il suit :

I. – On fera l'opération précédente, non à un moment quelconque de la nuit, mais à l'heure où la polaire se trouve exactement au-dessus ou au-dessous du pôle : cette heure est donnée tous les ans et de 10 en 10 jours par l'*Annuaire* du Bureau des Longitudes.

II. – Si l'on veut opérer à un moment quelconque de la nuit, on rappellera que le pôle se trouve actuellement sur la ligne qui joint l'étoile polaire à l'étoile ξ Grande Ourse (Mizar), et à 1° 8' de distance de la Polaire, c'est-à-dire un peu plus de deux fois le diamètre du Soleil ou de la pleine Lune : c'est sur ce point que l'on devra voir se projeter le fil à plomb AA' ou l'arête de maison qui le remplace.

III. – On peut aussi s'aligner sur deux étoiles qui passent au méridienenmêmetemps,etquinesetrouventqu'àcetinstantdanslemême

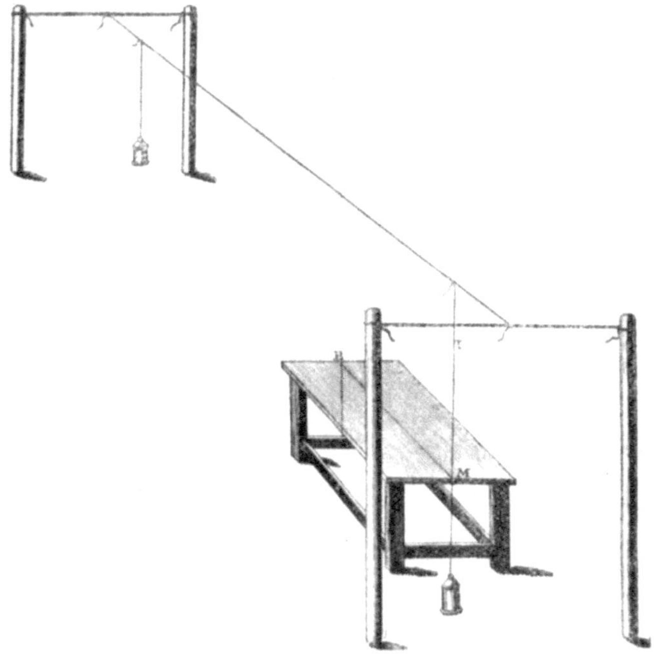

Fig. 97. — Autre dispositif pratique pour tracer la méridienne par alignement sur le pôle.

vertical. Elles doivent être choisies : 1° de manière à avoir des ascensions droites soit égales, soit différentes de 180° ou 12 h ; 2° être visibles au méridien du même côté du zénith.

Pour augmenter la précision, et au besoin l'affranchir d'une petite différence d'ascension droite, il est bon que l'une des deux étoiles soit près d'un des pôles.

IV. – Si l'on dispose d'un théodolite, on emploiera la méthode des digressions de la polaire, méthode qui est très exacte, et sur laquelle on trouvera toutes les indications voulues dans la *Connaissance des Temps*.

V. – Enfin citons pour mémoire seulement la méthode la plus exacte de toutes, basée sur l'emploi de la lunette méridienne.

132. **Problème V.** — *Détermination de la latitude du lieu* : 1° *Par une carte géographique de la région.* — Presque tous les grands pays d'Europe, d'Amérique et du nord de l'Afrique sont représentés par des cartes à grande échelle, analogues à celle de l'État-Major français. Ces cartes donneront la latitude d'un lieu quelconque avec une précision supérieure à celle qui est nécessaire pour le tracé des cadrans solaires.

Pour ce qui regarde la France et l'Algérie, la carte d'État-Major donne la latitude en degrés sexagésimaux et en degrés centésimaux.

La carte du Ministère de l'Intérieur la donne en degrés sexagésimaux.

133. 2° *Par la longueur de l'ombre solaire à midi vrai.* — Revenons à la figure 94, page 128, et soit N le point où tombe l'ombre de O exactement *à midi vrai du lieu.* Par le procédé des cordes, qui vient d'être indiqué (**120**), on pourra connaître en degrés et minutes l'angle ONP = h [34], hauteur méridienne du Soleil.

D'autre part, la *Connaissance des Temps* donne pour chaque jour la Déclinaison $\mathcal{D}_\odot$ du Soleil, c'est-à-dire sa hauteur par rapport à l'équateur. L'angle obtenu ONP = h donnera donc la hauteur de l'équateur, qui est $h = \pm \mathcal{D}_\odot$; et comme cette hauteur de l'équateur est le complément de la hauteur du pôle, c'est-à-dire de la latitude, on aura cette dernière :

$$h \pm \mathcal{D}_\odot = 90° - \varphi \quad \text{ou} \quad 90° - h \pm \mathcal{D}_\odot$$

Devant $\mathcal{D}_\odot$, exprimé en valeur absolue, on prend le signe + quand le Soleil est dans l'hémisphère austral et − quand il est dans l'hémisphère boréal.

[34] On ne confondra pas cette hauteur h avec la hauteur de l'axe-style sur le plan du cadran (**43**, **51**, ...), désignée de même et donnée par la Table III.

Lignes d'égale déclinaison au 1er janvier 1911

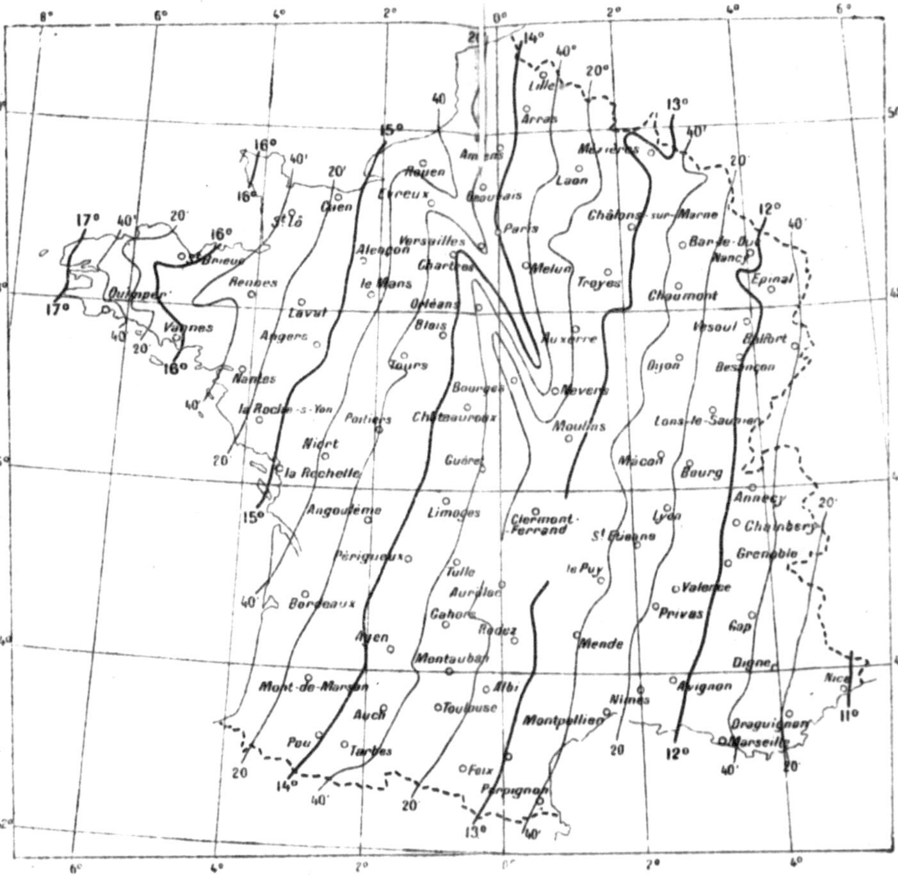

Fig. 98

3° On a imaginé nombre d'autres méthodes, mais nous ne citerons que les suivantes :

- Détermination de la hauteur du pôle par les passages supérieur et inférieur d'une étoile circumpolaire.
- Méthodes des hauteurs circumméridiennes du Soleil, des étoiles.
- Méthode par la polaire, au moyen des Tables données par la *Connaissance des Temps*.

Déclinaison azimutale. — Amplitude. — Azimut.

Ces trois quantités ont entre elles une relation très simple, de sorte que lorsque l'une d'elles est connue, pour un astre par exemple, les deux autres en résultent immédiatement ; mais en gnomonique on considère surtout la déclinaison.

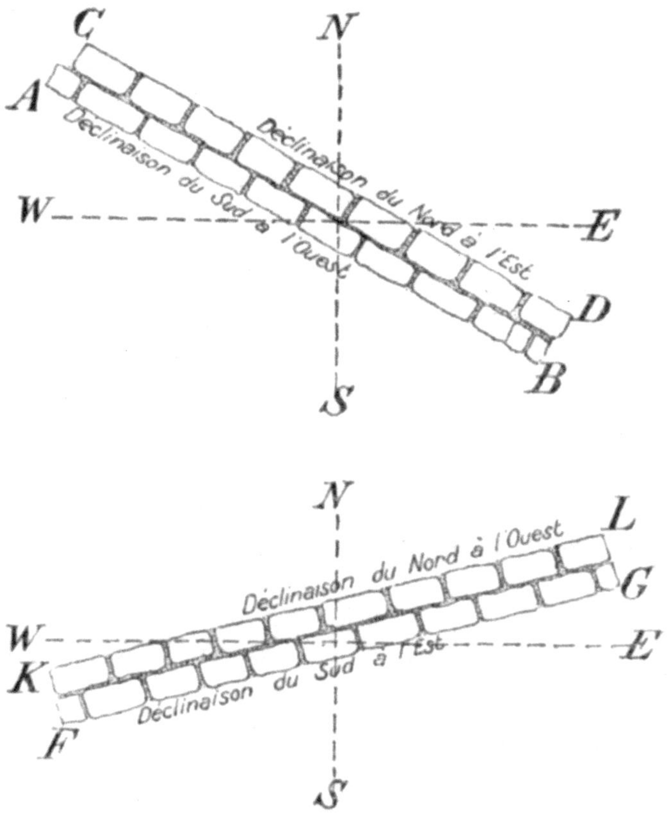

Fig. 99. — Définition de la déclinaison azimutale.

134. Déclinaison azimutale. — En gnomonique on définit ordinairement l'orientation d'un mur, d'un plan vertical quelconque, par ce qu'on appelle sa déclinaison, qui est l'angle de ce plan avec Je premier vertical ou vertical Est-Ouest.

Ce terme a l'inconvénient de prêter à confusion, car le mot déclinaison désigne ordinairement la distance angulaire d'un astre à l'équateur.

Afin d'éviter toute ambiguïté, nous avons dit *déclinaison azimutale* pour désigner l'orientation d'un mur, d'un vertical quelconque. Ainsi, *la déclinaison azimutale d'un mur vertical est l'angle de ce mur avec le premier vertical WE* (fig. 99). Elle a été précédemment désignée par D*a*.

Nous compterons cette déclinaison azimutale à la manière ancienne, où un plan est dit sans déclinaison quand il a une des directions Nord-Sud ou Est-Ouest, ce qu'on exprimait en disant qu'il « ne peut être vu que de l'un des quatre points cardinaux de l'Horizon ». Ainsi, les deux faces Est et Ouest du méridien sont sans déclinaison, et de même pour les deux faces Nord et Sud du premier vertical.

Toute autre orientation est désignée par les deux points cardinaux qui peuvent l'apercevoir. Ainsi soient (fig. 99) un mur ABDC et NS, EW, les directions Nord-Sud et Est-Ouest : on dit que la face AB décline au Sud-Ouest et la face CD au Nord-Est.

De même, pour le mur FGLK on dit que sa face FG décline au Sud-Est et la face KL au Nord-Ouest.

135. Amplitude. — Cette quantité, dont l'usage était fréquent autrefois, surtout dans la navigation, est peu employée aujourd'hui sous ce nom. On appelle amplitude d'un astre l'arc de l'horizon compté depuis le point Est ou Ouest jusqu'au point où cet astre se lève ou se couche Elle dépend de la latitude géographique φ du lieu et de la déclinaison $\mathscr{D}$ de l'astre ; en raison de son usage fréquent il en a été dressé des Tables dépendant de ces deux quantités φ et $\mathscr{D}$ comme arguments. On en trouve une, par exemple, dans divers volumes anciens de la *Connaissance des Temps*.

136. Azimut. — L'azimut est l'angle dièdre compris entre le méridien et un vertical quelconque. Considérons (fig. 100) l'observateur dont l'œil est en O, et soit A le point quelconque, terrestre ou céleste, dont on veut déterminer l'orientation.

Menons la verticale OZ du point O et imaginons une sphère de centre O décrite avec un rayon arbitraire OZ ; elle est coupée par l'horizon de l'observateur suivant le cercle SEBNW.

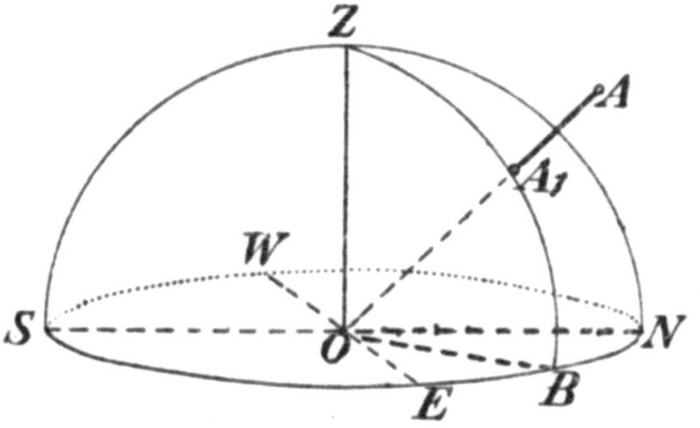

Fig. 100. – Définition de l'azimut.

Le plan vertical du point A coupe la sphère suivant ZA1B.

Soit SZN un autre plan vertical choisi arbitrairement comme origine : l'angle dièdre NZOB formé par ces deux verticaux est dit l'azimut du point A ; on voit qu'il est mesuré par l'angle plan NOB.

Pour achever de définir cet azimut il reste à fixer :

1°. Le plan origine SZN arbitrairement choisi;

2°. Le sens dans lequel on veut compter cet angle dièdre ou, ce qui revient au même, l'angle plan NOB.

Mais sur ces deux points il n'y a pas de convention universellement adoptée. Tout le monde cependant prend le méridien comme plan origine des azimuts, mais tandis que les uns placent le zéro au Nord, d'autres le placent au Sud.

Le désaccord est encore plus accentué pour le sens dans lequel on compte l'azimut. En raison de ces discordances, toutes les fois que l'on parle d'azimuts il faut avoir soin d'indiquer l'origine de cet angle et le sens dans lequel on le fait croître.

137. D'après ce qui précède, pour connaître l'orientation de la Table d'un cadran solaire vertical il suffit de déterminer l'une des trois quantités dont nous venons de parler : déclinaison azimutale, amplitude, azimut. Voici, à cet effet, plusieurs moyens assez faciles.

Première méthode. — Soit à déterminer la déclinaison azimutale d'un mur vertical VXYV' (fig. 101). Nous avons vu (**126**) comment on détermine la direction de la méridienne horizontale NS.

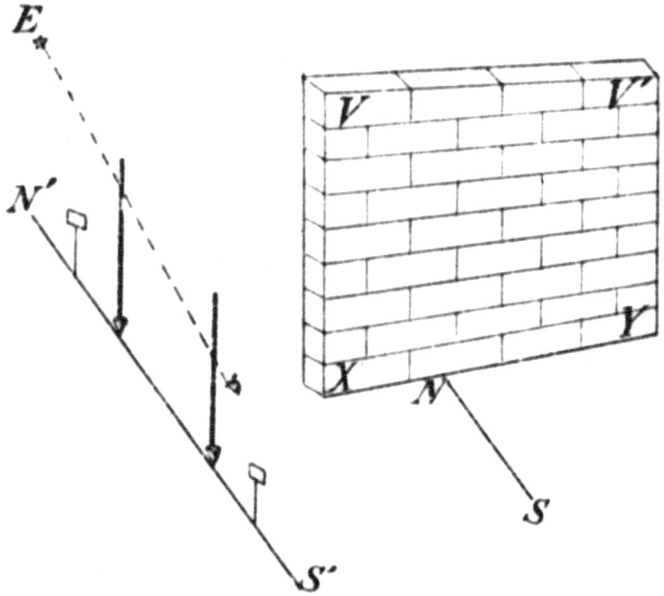

Fig. 101. — Détermination de la déclinaison azimutale d'un mur VXYV'.

En outre on sait (**120**) évaluer en degrés l'angle YNS par exemple. Or la direction NS est à angle droit avec la ligne Est-Ouest ou du premier vertical : on conclura donc immédiatement la déclinaison azimutale du mur. Par exemple, on a trouvé que l'angle SNY est de 72°, la ligne XY fait donc un angle de 90° – 72° avec la ligne Est-Ouest et en avant dans la partie NY.

On conclura que le mur VXYV' décline de 18° au Sud-Ouest. Sa face postérieure, supposée parallèle à la première, décline au Nord-Est de la même quantité (18°).

Remarque. — Souvent il est impossible d'apercevoir la polaire quand on se trouve devant le mur qui doit porter le cadran. Alors on peut tracer, au voisinage, la méridienne N'S' (fig. 101), puis mener NS parallèle à N'S'.

138. *Autres méthodes pour la détermination de l'azimut.* — Un moyen facile pour déterminer l'azimut d'un mur tel que VXYV' (fig.

101) c'est de noter, au moment où un astre connu passe par le vertical de ce mur, soit l'heure *t*, soit la hauteur *h* de cet astre au-dessus de l'horizon.

En appelant *a* l'azimut cherché, le problème posé rentre dans un autre plus général que l'on peut énoncer ainsi :

Connaissant deux des quantités a, h, t, trouver la troisième ; mais pour le moment occupons-nous seulement de la détermination de *a*, connaissant *h*.

1° Solution graphique par le moyen d'une hauteur d'un astre connu.

Considérons (fig. 102) la sphère céleste de centre O (œil de l'observateur) et de rayon arbitraire OZ, coupée par le méridien du lieu suivant le demi-cercle SEZN, et par l'horizon suivant le demi-cercle SGN : ce dernier est supposé rabattu sur le plan du méridien qui est celui de la figure.

Menons OP de manière que NOP soit égal à φ, latitude du lieu supposée connue, puis OE perpendiculaire à OP. Ainsi P est le pôle et OE l'équateur.

Appelons $\mathscr{D}$, comme à l'ordinaire, la déclinaison, supposée connue aussi, de l'astre considéré, qui a été observé à la hauteur mesurée *h*.

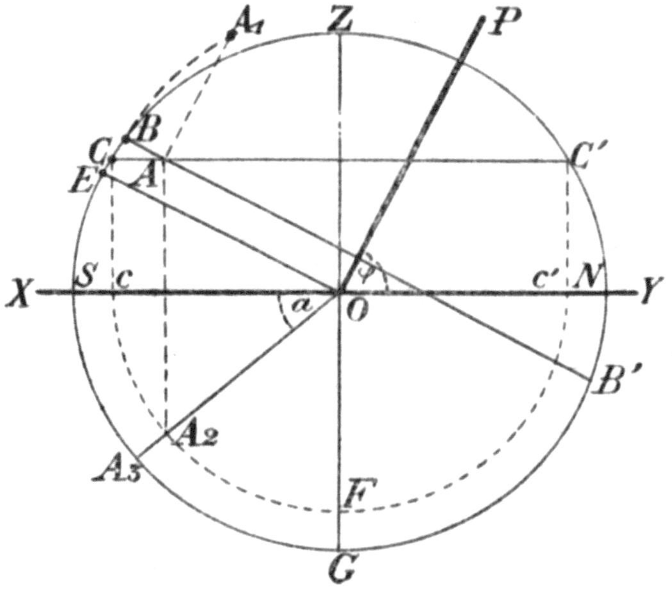

Fig. 102. — Construction graphique de l'azimut a, connaissant la hauteur h.

Portons $\mathcal{D}$, à partir de E, sur SEZ, vers P si la déclinaison $\mathcal{D}$ est positive, vers S si elle est négative : nous obtenons ainsi le point B où se trouve l'astre quand il est au méridien ; et BB', mené perpendiculairement à OP, est le diamètre du parallèle parcouru par l'astre.

À partir de S, prenons SC égal à *h*, hauteur mesurée, et menons CC' parallèle à SN : CC' est le diamètre de l'*almicantarat* ou cercle horizontal qui renferme tous les points de hauteur A, de sorte que l'astre, au moment de l'observation, se projetait sur BB' et sur CC', donc au point de rencontre A.

Projetons cet almicantarat sur l'horizon : nous obtenons le cercle *c*A2F*c'* : la rencontre de ce cercle avec la verticale AA2 du point A donne la position de l'astre, et son azimut compté vers l'Est est donc l'angle SOA3.

De là résulte la construction de cet azimut, sans qu'il soit utile d'insister.

2 ° Solution graphique par le moyen de l'heure

139. Considérons la figure 103 analogue à la précédente, où encore SZN est le plan du méridien, SGN l'horizon rabattu autour de XY sur le plan de la figure (qui est celui du méridien), etc.

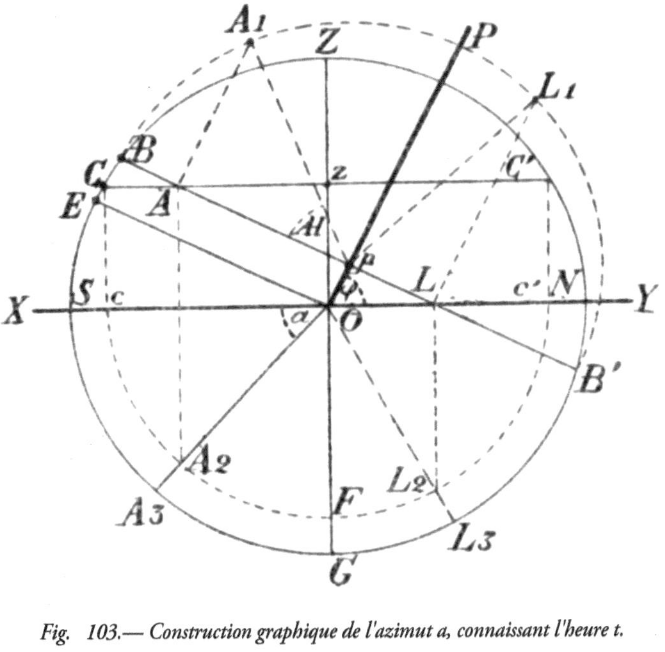

Fig. 103.— Construction graphique de l'azimut a, connaissant l'heure t.

L'heure vraie *t* étant connue, on en déduira le temps sidéral correspondant, avec les données des Éphémérides, telles que la *Connaissance des Temps*, et l'on formera l'angle horaire *AH* de l'astre, dont la valeur est *temps sid. – AR*. Or dans la figure cet angle est B*p*A1 que l'on pourra donc construire en vraie grandeur, ce qui donnera A1. La perpendiculaire A1A menée de A1 sur BB' donnera le point A, par suite CC', et l'on pourra tracer le cercle *c*A2F*c'* avec O comme centre et *z*C comme rayon. La verticale abaissée du point A sur SN et prolongée jusqu'à cette circonférence donnera le point A2 et en tirant OA2 on aura en SOA3 l'azimut cherché.

Remarque I. — La même construction donnerait l'azimut SOL3 correspondant au point de lever de l'astre, c'est-à-dire l'amplitude GOL3, car OG perpendiculaire à SN est la direction du premier vertical.

Remarque II. —Les constructions précédentes font partie de l'*Analemme* des anciens, et leur connaissance est peut-être antérieure même à Hipparque. On donnait ce nom aux constructions graphiques par lesquelles on résolvait les triangles sphériques au moyen de la règle et du compas. Cl. Ptolémée avait écrit un traité de l'*Analemme* qui nous est parvenu en partie. Les modernes emploient le nom de *projection orthographique*, dans laquelle on suppose l'œil à l'infini, mais les gnomonistes ont conservé le nom ancien.

On fait venir ce mot du grec αναλεμμα, qui signifie hauteur, parce que cette construction servait à trouver graphiquement la hauteur du Soleil à une heure donnée.

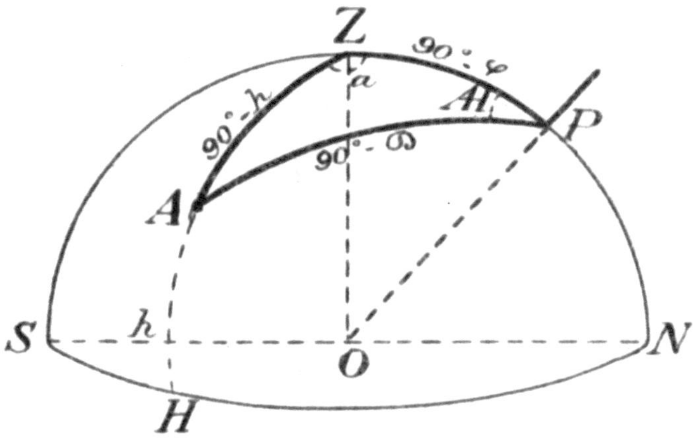

Fig. 104. – Calcul de l'azimut.

3 ° Solutions numériques

140. I. *Par une hauteur d'un astre connu.*— Considérons la sphère (fig. 104) où les lettres désignent les mêmes quantités que dans la figure précédente.

Dans le triangle PZA (Pôle — Zénith — Astre) que nous avons considéré souvent, nous connaissons les trois côtés :

$$PZ = 90° - \varphi, \qquad PA = 90° - \mathcal{D}, \qquad ZA = 90° - h$$

Les formules habituelles de la trigonométrie sphérique donneront donc l'angle en Z ou *a* qui est l'azimut compté du point Nord N[35].

141. Remarque. — Dans la navigation et dans l'hydrographie on fait un usage très fréquent de l'azimut ; aussi a-t-on dressé diverses Tables qui en évitent le calcul. Nous citerons les suivantes :

- *Connaissance des Temps* de 1762, p. 132-138. Table de l'azimut vrai des astres pour la hauteur du pôle de Paris, suivant leurs déclinaisons et leurs distances au méridien. La déclinaison varie de + 30° 0' à − 27° 30'et l'angle horaire de 0° à 130°. L'accroissement de ces arguments se fait de 2° 30' en 2° 30'.
- Lalande. *Abrégé de navigation*, 1793.
- Labrosse. *Table des azimuts pour les déclinaisons comprises entre 30° sud et 30° nord.*
- A. Decante. *Table d'azimut* pour tous les points situés entre les cercles polaires et les astres dont la déclinaison est comprise entre 0° et 48°. Paris, 1889-1892, 7 vol. in-8°.
- Ch. Bertin. *Carnet azimutal.* Table de poche. Paris, Gauthier-Villars, 1920.

142. II. *Par l'heure.* — Quand on connaît l'heure, on peut à un instant quelconque connaître l'azimut d'un astre dont les coordonnées sont connues, par exemple le Soleil, une étoile, etc. Alors, en effet, dans le triangle PZA (fig. 104) on connaît deux côtés et l'angle compris, à savoir : PZ, PA et l'angle ZPA qui est l'angle horaire de l'astre au moment de l'observation.

[35] On emploie la formule bien connue :

$$\tan \frac{1}{2} A = \sqrt{\frac{\sin(p-b)\sin(p-c)}{\sin p \sin(p-a)}}$$

où l'angle cherché A est opposé au côté *a*, et où *p* désigne la demi-somme des trois côtés. Il est à peine besoin de dire que dans cette formule générale les lettres A et *a* ne désignent pas les mêmes quantités que dans notre texte et dans la figure.

On pourrait le résoudre par les analogies de Neper, mais il sera préférable d'employer les formules générales suivantes où *a, b* et C seront les données :

$$\text{tang}\,\psi = \text{tang}\,a \cos C$$

$$\text{tang}\,A = \sin\psi\,\text{tang}\,C \;/\; \sin(b - \psi)$$

la première donne l'angle auxiliaire ψ, puis la seconde fait connaître l'angle A.

REMARQUE I. — Ces formules sont applicables quel que soit l'astre considéré. Pour déterminer l'orientation d'un mur il est commode d'employer le Soleil ; alors on notera l'heure vraie au moment où le Soleil est dans le plan du mur, ce que l'on reconnaît facilement puisque c'est le moment où il ne porte pas d'ombre latérale, et où les extrémités de ses rugosités sont seules éclairées.

REMARQUE II. — On peut aussi avoir à résoudre ce problème : *Connaissant l'heure, trouver la hauteur d'un astre.* Alors, dans le même triangle PZA (fig. 104) on connaît encore deux côtés et l'angle compris, et il s'agit de calculer l'autre côté ZA = 90°– *h*.

C'est ce qu'on fera encore par les analogies de Neper ou par les formules :

$$\text{tang}\,\psi = \text{tang}\,b \cos C$$

$$\cos c = \cos b \cos(a - \psi) \;/\; \cos\psi$$

où les données sont *a, b* et C.

La *Connaissance des Temps* de 1762 donne, p. 124-131, une Table de la hauteur vraie des astres pour la latitude de Paris, avec *AH* et *𝒟* comme arguments, qui varient de 2° 30' en 2° 30'.

143. *Tables.* — Nous donnons ci-après des Tables déjà mentionnées, qui permettront d'éviter la résolution de certains triangles sphériques rencontrés précédemment.

Les Tables II et III dépendent de deux données ou arguments, la latitude φ et la déclinaison azimutale du mur ; aussi dit-on qu'elles sont à double entrée. Voici deux exemples de l'emploi de l'une d'elles (II).

Premier exemple. — Calcul de l'angle St pour 44° 3'30" de latitude et 32° 0' de déviation azimutale.

La Table II donne pour cette déviation azimutale :

Pour φ =	44° 0'	St =	28° 45'	Diff. : − 50'
—	45° 0'		27° 55'	

Ainsi pour un accroissement de 1° de latitude, St diminue de 50'.

Pour un accroissement de 3'30" = 3',5 il diminue de 50' × 3,5/60 ou 2',92, soit 3' en nombre rond.

Le St cherché est donc 28° 45' − 3' = 28° 42'.

Deuxième exemple. — Calcul de l'angle St pour 44° 3' 30" de la latitude et une déclinaison azimutale de 32° 45'.

Le calcul du premier exemple donne, pour la latitude de 44° 3' 30" :

Pour	32° 0'	de déclin, azim., St =	28° 42'	1' + 1° 19'
—	34° 0'	—	30°	

Ainsi, pour un accroissement de 2° de déclinaison azimutale, St croît de 1° 19' ou 79'. Pour l'accroissement de 45', il croîtra donc de 79 × 45/120 = 29',6.

La valeur cherchée est donc 28° 42' + 30'= 29° 12'.

I. — TABLE

de tous les angles du quart de cercle, de degré

(Le dernier chiffre de ces cordes

DEGRÉS	0°		1°		2°		3°		4°	
°	m		m		m		m		m	
0...	0,0000	175	0,0175	174	0,0349	175	0,0524	174	0,0698	174
10...	0,1743	174	0,1917	174	0,2091	173	0,2264	173	0,2437	174
20,..	0,3473	172	0,3645	171	0,3816	171	0,3987	171	0,4158	171
30...	0,5176	169	0,5345	168	0,5513	167	0,5680	167	0,5847	167
40...	0,6840	164	0,7004	163	0,7167	163	0,7330	162	0,7492	162
50...	0,8452	158	0,8610	157	0,8767	157	0,8924	156	0,9080	155
60...	1,0000	151	1,0151	150	1,0301	149	1,0450	148	1,0598	148
70...	1,1472	142	1,1614	142	1,1756	140	1,1896	140	1,2036	139
80..	1,2856	133	1,2989	132	1,3121	131	1,3252	131	1,3383	129

DIFF.	176	172	168	164	160	156
1.....	2,9	2,9	2,8	2,7	2,7	2,6
2.....	5,9	5,7	5,6	5,5	5,3	5,2
3.....	8,8	8,6	8.4	8,2	8,0	7,8
4.....	11,7	11.5	11,2	10,9	10,7	10,4
5.....	14,7	14,3	14,0	13,7	13,3	13,0
6.....	17,6	17,2	16,8	16,4	16,0	15,6
7.....	20,5	20,1	19,6	19,1	18,7	18,2
8.....	23,5	22,9	22,4	21,9	21,3	20,8
9.....	25,4	25,8	25,2	24,6	24,0	23,4

DES CORDES

en degré, dans le cercle de 1m de rayon.

exprime des dixièmes de millimètres.)

5°		6°		7°		8°		9°		10°
m		m		m		m		m		m
0,0872	175	0,1047	174	0,1221	174	0,1395	174	0,1569	174	0,1743
0,2611	172	0,2783	173	0,2956	173	0,3129	172	0,3301	172	0,3473
0,4329	170	0,4499	170	0,4669	169	0,4838	170	0,5008	168	0,5176
0,6014	166	0,6180	166	0,6346	165	0,6511	165	0,6676	164	0,6840
0,7654	161	0,7815	160	0,7975	160	0,8135	159	0,8294	158	0,8452
0,9235	154	0,9389	154	0,9543	153	0,9696	152	0,9848	152	1,0000
1,0746	147	1,0893	146	1,1039	145	1,1184	144	1,1328	144	1,1472
1,2175	138	1,2313	137	1,2450	136	1,2586	136	1,2722	134	1,2856
1,3512	128	1,3640	127	1,3767	126	1,3893	125	1,4018	124	1,4142

152	148	144	140	136	132	128
2,5	2,5	2,4	2,3	2,3	2,2	2,1
5,1	4,9	4,8	4,7	4,5	4,4	4,3
7,6	7,4	7,2	7,0	6,8	6,6	6,4
10,1	9,9	9,6	9,3	9,1	8,8	8,5
12,7	12,3	12,0	11,7	11,3	11,0	10,7
15,2	14,8	14,4	14,0	13,6	13,2	12,8
17,7	17,3	16,8	16,3	15,9	15,4	14,9
20,3	19,7	19,2	18,7	18,1	17,6	17,1
22,8	22,2	21,6	21,0	20,4	19,8	19,2

TABLE II. — CADRANS VERTICAUX DÉCLINANTS.

Angles S_1 de la sous-stylaire avec la méridienne verticale.

(*Voir* p. 71-72, et p. 181 par le mode d'emploi.).

DÉCLINAISON AZIMUTALE.	LATITUDE.											DÉCLINAISON AZIMUTALE.
	42° 0′.	43° 0′.	44° 0′.	45° 0′.	46° 0′.	47° 0′.	48° 0′.	48° 51′. PARIS	49° 0′.	50° 0′.	51° 0′.	
° ′	° ′	° ′	° ′	° ′	° ′	° ′	° ′	° ′	° ′	° ′	° ′	° ′
0.0	0. 0	0. 0	0. 0	0. 0	0. 0	0. 0	0. 0	0. 0	0. 0	0. 0	0. 0	0.0
2.0	2.13	2. 8	2. 4	2. 0	1.56	1.52	1.48	1.45	1.44	1.40	1.37	2.0
4.0	4.25	4.16	4. 8	3.59	3.51	3.44	3.36	3.29	3.28	3.21	3.14	4.0
6.0	6.37	6.24	6.11	5.58	5.46	5.34	5.22	5.13	5.12	5. 1	4.50	6.0
8.0	8.47	8.30	8.12	7.55	7.39	7.24	7. 8	6.55	6.54	6.40	6.26	8.0
10.0	10.55	10.33	10.12	9.51	9.31	9.12	8.53	8.37	8.35	8.17	8. 0	10.0
12.0	12.59	12.34	12. 9	11.45	11.21	10.58	10.36	10.18	10.15	9.54	9.33	12.0
14.0	15. 2	14.32	14. 4	13.36	13. 9	12.43	12.17	11.56	11.52	11.28	11. 5	14.0
16.0	17. 1	16.27	15.56	15.25	14.54	14.25	13.56	13.32	13.28	13. 1	12.35	16.0
18.0	18.57	18.20	17.45	17.10	16.37	16. 5	15.33	15. 6	15. 2	14.32	14. 3	18.0
20.0	20.48	20. 9	19.30	18.53	18.17	17.41	17. 7	16.38	16.33	16. 1	15.29	20.0
22.0	22.35	21.53	21.12	20.32	19.53	19.15	18.38	18. 8	18. 2	17.27	16.52	22.0

24.0	24.18	23.34	22.50	22. 8	21.27	20.46	20. 7	19.34	19.28	18.51	18.14	24.0
26.0	25.58	25.11	24.25	23.40	22.57	22.14	21.32	20.57	20.52	20.12	19.33	26.0
28.0	27.33	26.45	25.56	25. 9	24.23	23.39	22.55	22.18	22.12	21.30	20.49	28.0
30.0	29. 3	28.11	27.22	26.34	25.46	25. 0	24.14	23.36	23.29	22.46	22. 3	30.0
32.0	30.28	29.35	28.45	27.55	27. 6	26.18	25.30	24.52	24.44	23.58	23.13	32.0
34.0	31.51	30.56	30. 4	29.13	28.22	27.32	26.44	26. 2	25.55	25. 8	24.22	34.0
36.0	33. 9	32.13	31.20	30.27	29.35	28.44	27.53	27.10	27. 4	26.15	25.27	36.0
38.0	34.22	33.26	32.31	31.37	30.44	29.52	29. 0	28.16	28. 9	27.19	26.30	38.0
40.0	35.32	34.35	33.39	32.44	31.50	30.56	30. 4	29.20	29.12	28.20	27.30	40.0
42.0	36.37	35.40	34.43	33.47	32.52	31.58	31. 4	30.19	30.11	29.19	28.27	42.0
44.0	37.49	36.42	35.44	34.47	33.51	32.56	32. 2	31.15	31. 7	30.14	29.22	44.0
46.0	38.37	37.39	36.41	35.44	34.47	33.51	32.56	32.10	32. 1	31. 7	30.13	46.0
48.0	39.33	38.33	37.35	36.37	35.40	34.43	33.47	33. 0	32.52	31.57	31. 2	48.0
50.0	40.23	39.24	38.25	37.27	36.30	35.32	34.36	33.47	33.40	32.44	31.49	50.0
52.0	41.14	40.12	39.13	38.14	37.16	36.19	35.21	34.32	34.25	33.28	32.33	52.0
54.0	41.56	40.56	39.57	38.58	38. 0	37. 2	36. 4	35.15	35. 7	34.10	33.14	54.0
56 0	42.37	41.38	40.39	39.40	38.41	37.42	36.44	35.55	35.47	34.49	33.52	56.0
58.0	43.17	42.16	41.17	40.18	39.19	38.20	37.22	36.32	36.24	35.26	34.29	58.0
60.0	43.52	42.52	41.53	40.54	39.54	38.55	37.57	37. 7	36.58	36. 0	35. 3	60.0
62.0	44.26	43.25	42.26	41.27	40.27	39.28	38.29	37.39	37.30	36.32	35.34	62.0
64.0	44.57	43.57	42.57	41.57	40.57	39.58	38.59	38. 9	38. 0	37. 1	36. 3	64.0
66.0	45.25	44.25	43.25	42.25	41.25	40.26	39.26	38.35	38.27	37.28	36.30	66.0
68.0	45.50	44.50	43.50	42.50	41.51	40.51	39.51	39. 1	38.52	37.53	36.54	68.0
70.0	46.13	45.13	44.13	43.13	42.13	41.14	40.14	39.24	39.15	38.15	37.16	70.0

TABLE III. — CADRANS VERTICAUX DÉCLINANTS.

Angles h : hauteur du pôle sur le plan du cadran.

(*Voir* p. 71, 91 et 180-181.)

DÉCLINAISON AZIMUTALE.	LATITUDE. 42° 0′.	43° 0′.	44° 0′.	45° 0′.	46° 0′.	47° 0′.	48° 0′.	48° 51′. PARIS	49° 0′.	50° 0′	51° 0′.	DÉCLINAISON AZIMUTALE.
° ′	° ′	° ′	° ′	° ′	° ′	° ′	° ′	° ′	° ′	° ′	° ′	° ′
0.0	48. 0	47. 0	46. 0	45. 0	44. 0	43. 0	42. 0	41. 9	41. 0	40. 0	39. 0	0.0
2.0	47.58	46.58	45.58	44.58	43.58	42.58	41.58	41. 7	40.58	39.58	38.58	2.0
4.0	47.50	46.51	45.51	44.52	43.52	42.52	41.52	41. 2	40.53	39.53	38.53	4.0
6.0	47.39	46.39	45.40	44.41	43.42	42.42	41.43	40.53	40.44	39.44	38.45	6.0
8.0	47.23	46.24	45.25	44.27	43.28	42.29	41.30	40.40	40.31	39.32	38.33	8.0
10.0	47. 3	46. 4	45. 6	44. 8	43.10	42.12	41.13	40.24	40.15	39.16	38.18	10.0
12.0	46.38	45.40	44.43	43.46	42.48	41.51	40.53	40. 4	39.54	38.57	38. 0	12.0
14.0	46. 9	45.13	44.16	43.19	42.23	41.26	40.29	39.41	39.32	38.35	37.38	14.0
16.0	45.35	44.41	43.45	42.49	41.54	40.58	40. 2	38.14	39. 6	38.10	37.13	16.0
18.0	44.58	44. 5	43.10	42.16	41.21	40.26	39.31	38.44	38.36	37.41	36.46	18.0
20.0	44.17	43.26	42.32	41.38	40.45	39.51	38.58	38.12	38. 4	37.10	36.15	20.0
22.0	43.33	42.42	41.50	40.58	40. 6	39.13	38.21	37.36	37.28	36.35	35.42	22.0

24.0	42.45	41.56	41. 5	40.14	39.23	38.32	37.41	36.57	36.49	35.58	35. 6	24.0
26.0	41.54	41. 7	40.17	39.28	38.38	37.48	36.58	36.16	36. 8	35.17	34.27	26.0
28.0	41. 1	40.14	39.26	38.38	37.50	37. 2	36.13	35.31	35.24	34.35	33.45	28.0
30.0	40. 4	39.19	38.32	37.46	36.59	36.12	35.25	34.45	34.37	33.50	33. 2	30.0
32.0	39. 4	38.21	37.36	36.51	36. 6	35.20	34.34	33.55	33.48	33. 2	32 15	32.0
34.0	38. 2	37.20	36.37	35.53	35.10	34.26	33.42	33. 4	32.57	32.12	31.27	34.0
36.0	36.58	36.17	35.35	34.54	34.12	33.29	32.46	32.10	32. 3	31.20	30 36	36.0
38.0	35.51	35.12	34.32	33.52	33.11	32.30	31.49	31.14	31. 8	30.26	29.44	38.0
40.0	34.42	34. 5	33.26	32 48	32. 9	31.30	30.50	30.16	30.10	29.30	28.49	40.0
42.0	33.31	32.56	32.19	31.42	31. 5	30.27	29.49	29.17	29.11	28.32	27.53	42.0
44.0	32.19	31.45	31.10	30.34	29.59	29.23	28.46	28.15	28.10	27.32	26.55	44.0
46.0	31. 5	30.32	29.59	29.25	28.51	28.17	27.42	27.12	27. 7	26.31	25.55	46.0
48.0	29.49	29.18	28.46	28.14	27.42	27. 9	26.36	26. 7	26. 2	25.28	24.54	48.0
50.0	28.32	28. 2	27.32	27. 2	26.31	26. 0	25.28	25. 1	24.57	24.24	23.52	50.0
52.0	27.13	26.45	26.17	25.48	25.19	24.50	24.20	23.54	23.49	23.19	22.48	52.0
54.0	25.54	25.28	25. 1	24.34	24. 6	23.38	23.10	22.45	22.41	22.12	21.42	54.0
56.0	24.33	24. 8	23.43	23.18	22.51	22.25	21.58	21.35	21.31	21. 4	20.36	56.0
58.0	23.11	22.48	22.24	22. 0	21.36	21.11	20.46	20.24	20.21	19.55	19.29	58.0
60.0	21.48	21.26	21. 4	20.42	20.19	19.56	19.33	19.13	19. 9	18.45	18.20	60.0
62.0	20.25	20. 4	19.44	19.23	19. 2	18.40	18.19	18. 0	17.56	17.34	17.11	62.0
64.0	19. 1	18.42	18.23	18. 3	17.44	17.24	17. 3	16.46	16.43	16.22	16. 1	64.0
66.0	17.36	17.18	17. 1	16.43	16.25	16. 6	15.48	15.31	15.29	15. 9	14.50	66.0
68.0	16.10	15.54	15.38	15.22	15. 5	14.48	14.31	14.16	14.14	13.56	13.38	68.0
70.0	14.43	14.29	14.15	14. 0	13.45	13.29	13.14	13. 0	12.58	12.42	12.26	70.0

TABLE IV. — CADRANS HORIZONTAUX.

Angles formés par les lignes horaires VI, VI$\frac{1}{2}$, ..., XVII$\frac{1}{2}$, XVIII,
avec la méridienne ou ligne de XII^h,
pour les latitudes comprises entre 41°10′ *et* 51°0′. (*Voir* p. 50, 60 et 180-181.)

Heures. \ Lat	41° 10′.	42° 0′.	43° 0′.	44° 0′.	45° 0′	46° 0′.	47° 0′.	48° 0′.	48° 50′.	49° 0′.	50° 0′.	51° 0′.	Lat / Heures.
	° ′	° ′	° ′	° ′	° ′	° ′	° ′	° ′	° ′	° ′	° ′	° ′	
XII	0. 0	0. 0	0. 0	0. 0	0. 0	0. 0	0. 0	0. 0	0. 0	0. 0	0. 0	0. 0	XII
	4.57	5. 2	5. 8	5.13	5.20	5.25	5.30	5.15	5.40	5.40	5.45	5.50	
XI	10. 0	10. 9	10.21	10.33	10.44	10.55	11. 6	11.16	11.25	11.26	11.36	11.46	XIII
	15.15	15.29	15.46	16. 3	16.19	16.35	16.51	17. 6	17.20	17.22	17.37	17.51	
X	20.48	21. 7	21.29	21.51	22.12	22.33	22.53	22.13	23.30	23.33	23.52	24.10	XIV
	26.48	27.11	27.37	28. 4	28.29	28.54	29.18	29.42	30. 1	30. 4	30.26	30.48	
IX	33.21	33.47	34.18	34.47	35.16	35.44	36.11	36.37	36.59	37. 3	37.27	37.51	XV
	40.37	41. 5	41.38	42. 9	42.40	43. 9	43.37	44. 5	44.28	44.31	44.57	47.22	
VIII	48.25	49.13	49.46	50.16	50.46	51.15	51.43	52. 9	52.30	52.35	53. 0	53.23	XVI
	57.49	58.14	58.44	59.11	59.38	60. 4	60.29	60.52	61.11	61.14	61.36	61.56	
VII	67.51	68.11	68.33	68.54	69.15	69.34	69.53	70.10	70.25	70.27	70.43	70.59	XVII
	78.41	78.50	79. 4	79.16	79.28	79.38	79.48	79.57	80. 5	80. 6	80.15	80.23	
VI	90. 0	90. 0	90. 0	90. 0	90. 0	90. 0	90. 0	90. 0	90. 0	90. 0	90. 0	90. 0	XVIII

Complément II

Tables diverses relatives au calendrier

144. Nous venons de voir comment la Gnomonique permet de subdiviser les divers jours. Pour compléter en partie ce qui concerne la division du temps, nous allons dire quelques mots de la manière dont on groupe les jours pour en former des semaines, des mois, des années, etc., ce qui constitue une portion du calendrier.

La semaine est formée partout de 7 jours, et sa continuité n'a jamais été interrompue ; elle est d'ailleurs l'unique élément du calendrier qui aujourd'hui soit le même par toute la Terre. Ainsi, à l'influence de la longitude près il est, par exemple, partout vendredi en même temps, à Constantinople comme à Pékin ou à Paris.

Il n'en est pas de même pour les mois et les années ; de là certains problèmes tels, par exemple, que celui-ci : quel jour de la semaine correspond à telle date donnée ? C'est à une telle question que permet de répondre la Table V ci-après[36].

Le nombre des calendriers est encore assez grand, mais deux surtout sont en usage, le calendrier Julien et le calendrier Grégorien : ce sont les seuls dont nous parlerons.

145. Le calendrier Julien est, en somme, la continuation du calendrier romain de Jules César, sauf que l'origine de l'année a été changée, et fixée aujourd'hui, comme on sait, au premier jour de janvier. L'année julienne est de 365j 6h, et pour tenir compte de la partie de jour, on fait trois années consécutives communes ou de 365 jours, suivies d'une année bissextile ou de 366 jours.

Comme l'année solaire (tropique) est seulement de 365j 5h 48m 46s, l'année julienne est trop longue ; il en résulte que le commencement de l'année julienne retarde progressivement sur celui de l'année tropique correspondante, à peu près de 3 jours en 400 ans. La réforme grégorienne, qui fut ordonnée par le pape Grégoire XIII, en 1582, a eu pour premier objet de rétablir l'accord entre le calendrier et le mouvement du Soleil. En outre, elle a décidé la suppression de 3 bissextiles en 400 ans. En 1582, le retard de l'année julienne était de 10 jours environ, et ce retard s'accroît constamment, comme le montre le Tableau suivant :

[36] On a établi des formules qui permettent de répondre à cette question, mais il sera plus simple encore de consulter notre Table.
Pour ces formules, voir, par exemple, *Annuaire du Bureau des Longitudes* pour 1917, p. 114.

Le calendrier Julien retarde de	Dates grégoriennes.				
10 jours	du 15 oct.	1582	au	28 fév.	1700
11 »	du 1er mars	1700		»	1800
12 »	»	1800		»	1900
10 »	»	1900		»	2100
14 »	»	2100		»	2200
15 »	»	2200		»	2300
16 »	»	2300		»	2500

Il résulte de là que la fête de Pâques tombe à des dates différentes dans les deux calendriers. Les Tables V-IX permettent de trouver immédiatement le jour de la semaine correspondant à telle date donnée, les dates des fêtes mobiles, etc. En voici l'explication :

Table V. — Elle indique, pour chaque année grégorienne de 1582 à 2093, le jour J (première et dernière colonnes) de la semaine auquel tombe le 1er janvier.

Les abréviations C et B de la seconde et de l'avant-dernière colonnes correspondent à tous les millésimes de ce Tableau V et signifient respectivement que l'année correspondante est *commune* (365j) ou *bissextile* (366j).

Les nombres des colonnes M sont les millésimes et ceux des colonnes N°, dont chacune se trouve immédiatement à droite de chaque millésime, sont des numéros d'ordre avec lesquels on entre dans la Table VII pour trouver les dates des fêtes mobiles grégoriennes.

Table VI — Calendrier perpétuel indiquant immédiatement le jour de la semaine qui correspond à une date donnée, quand on connaît le jour de la semaine auquel tombe le 1er janvier.

Exemple 1. — À quel jour de la semaine correspond le 11 février 1885 ?

D'après le Tableau V, l'année 1885 (C, année commune) commence un jeudi ; toutes les dates marquées C sont des jeudis, et il en est ainsi le 12 février ; le 11 était donc un mercredi.

Exemple 2. — À quel jour de la semaine correspond le 6 avril 1851 ?

D'après le Tableau V, l'année 1851 est une année commune et commence un mercredi. Dans la Table V, tous les mercredis correspondent donc à la lettre C ; ainsi le 2 avril est un jeudi et, par suite, le 6 avril un lundi.

Table VII. — Au moyen du numéro N° (donné par la Table V pour chaque année), elle indique la date de Pâques de l'année grégorienne.

Tables VIII, IX. — Pour l'usage de ces Tables, tirées de l'*Annuaire du Bureau des Longitudes,* voir p. 198.

TABLE V.

(*Voir* l'explication p. 191.)

J		M	N°	M	N°	M	N°	M	N°	M	N°		J
Vend.	C	1582	″	1610	21	1638	14	1666	35	1694	21	C	**Vend.**
Sam.	C	1583	20	1611	13	1639	34	1667	20	1695	13	C	**Sam.**
Dim.	B	1584	11	1612	32	1640	18	1668	11	1696	32	B	**Dim.**
Mardi	C	1585	31	1613	17	1641	10	1669	31	1697	17	C	**Mardi**
Mercr.	C	1586	16	1614	9	1642	30	1670	16	1698	9	C	**Mercr.**
Jeudi	C	1587	8	1615	29	1643	15	1671	8	1699	29	C	**Jeudi**
Vend.	B	1588	27	1616	13	1644	6	1672	27	″	″	B	**Vend.**
Dim.	C	1589	12	1617	5	1645	26	1673	12	″	″	C	**Dim.**
Lundi	C	1590	32	1618	25	1646	11	1674	4	″	″	C	**Lundi**
Mardi	C	1591	24	1619	10	1647	31	1675	24	″	″	C	**Mardi**
Mercr.	B	1592	8	1620	29	1648	22	1676	15	″	″	B	**Mercr.**
Vend.	C	1593	28	1621	21	1649	14	1677	28	1700	21	C	**Vend.**
Sam.	C	1594	20	1622	6	1650	27	1678	20	″	″	C	**Sam.**
Dim.	C	1595	5	1623	26	1651	19	1679	12	″	″	C	**Dim.**
Lundi	B	1596	24	1624	17	1652	10	1680	31	″	″	B	**Lundi**
Mercr.	C	1597	16	1625	9	1653	23	1681	16	″	″	C	**Mercr.**
Jeudi	C	1598	1	1626	22	1654	15	1682	8	″	″	C	**Jeudi**
Vend.	C	1599	21	1627	14	1655	7	1683	28	″	″	C	**Vend.**
Sam.	B	1600	12	1628	33	1656	26	1684	12	″	″	B	**Sam.**
Lundi	C	1601	32	1629	25	1657	11	1685	32	″	″	C	**Lundi**
Mardi	C	1602	17	1630	10	1658	31	1686	24	″	″	C	**Mardi**
Mercr.	C	1603	9	1631	30	1659	23	1687	9	″	″	C	**Mercr.**
Jeudi	B	1604	28	1632	21	1660	7	1688	28	″	″	B	**Jeudi**
Sam.	C	1605	20	1633	6	1661	27	1689	20	1701	6	C	**Sam.**
Dim.	C	1606	5	1634	26	1662	19	1690	5	1702	26	C	**Dim.**
Lundi	C	1607	25	1635	18	1663	4	1691	25	1703	18	C	**Lundi**
Mardi	B	1608	16	1636	2	1664	23	1692	16	1704	2	B	**Mardi**
Jeudi	C	1609	29	1637	22	1665	15	1693	1	1705	22	C	**Jeudi**

TABLE V (suite).

(*Voir* l'explication p. 191.)

J		M	N°	M	N°	M	N°	M	N°	M	N°		J
Vend.	C	1706	14	1734	35	1762	21	1790	14	1802	28	C	Vend.
Sam.	C	1707	34	1735	20	1763	13	1791	34	1803	20	C	Sam.
Dim.	B	1708	18	1736	11	1764	32	1792	18	1804	11	B	Dim.
Mardi	C	1709	10	1737	31	1765	17	1793	10	1805	24	C	Mardi
Mercr.	C	1710	30	1738	16	1766	9	1794	30	1806	16	C	Mercr.
Jeudi	C	1711	15	1739	8	1767	29	1795	15	1807	8	C	Jeudi
Vend.	B	1712	6	1740	27	1768	13	1796	6	1808	27	B	Vend.
Dim.	C	1713	26	1741	12	1769	5	1797	26	1809	12	C	Dim.
Lundi	C	1714	11	1742	4	1770	25	1798	18	1810	32	C	Lundi
Mardi	C	1715	31	1743	24	1771	10	1799	3	1811	24	C	Mardi
Mercr.	B	1716	22	1744	15	1772	29	"	"	1812	8	B	Mercr.
Vend.	C	1717	7	1745	28	1773	21	"	"	1813	28	C	Vend.
Sam.	C	1718	27	1746	20	1774	13	"	"	1814	20	C	Sam.
Dim.	C	1719	19	1747	12	1775	26	"	"	1815	5	C	Dim.
Lundi	B	1720	10	1748	24	1776	17	"	"	1816	24	B	Lundi
Mercr.	C	1721	23	1749	16	1777	9	1800	23	1817	16	C	Mercr.
Jeudi	C	1722	15	1750	8	1778	29	"	"	1818	1	C	Jeudi
Vend.	C	1723	7	1751	21	1779	14	"	"	1819	21	C	Vend.
Sam.	B	1724	26	1752	12	1780	5	"	"	1820	12	B	Sam.
Lundi	C	1725	11	1753	32	1781	25	"	"	1821	32	C	Lundi
Mardi	C	1726	31	1754	24	1782	10	"	"	1822	17	C	Mardi
Mercr.	C	1727	23	1755	9	1783	30	"	"	1823	9	C	Mercr.
Jeudi	B	1728	7	1756	28	1784	21	"	"	1824	28	B	Jeudi
Sam.	C	1729	27	1757	20	1785	6	"	"	1825	13	C	Sam.
Dim.	C	1730	19	1758	5	1786	26	"	"	1826	5	C	Dim.
Lundi	C	1731	4	1759	25	1787	18	"	"	1827	25	C	Lundi
Mardi	B	1732	23	1760	16	1788	2	"	"	1828	16	B	Mardi
Jeudi	C	1733	15	1761	1	1789	22	1801	15	1829	29	C	Jeudi

TABLE V (suite).

(*Voir* l'explication p. 191.)

J		M	N°	M	N°	M	N°	M	N°	M	N°		J
Vend.	C	1830	21	1858	14	1886	35	"	"	1926	14	C	Vend.
Sam.	C	1831	13	1859	34	1887	20	"	"	1927	27	C	Sam.
Dim.	B	1832	32	1860	18	1888	11	"	"	1928	18	B	Dim.
Mardi	C	1833	17	1861	10	1889	31	1901	17	1929	10	C	Mardi
Mercr.	C	1834	9	1862	30	1890	16	1902	9	1930	30	C	Mercr.
Jeudi	C	1835	29	1863	15	1891	8	1903	22	1931	15	C	Jeudi
Vend.	B	1836	13	1864	6	1892	27	1904	13	1932	6	B	Vend.
Dim.	C	1837	5	1865	26	1893	12	1905	33	1933	26	C	Dim.
Lundi	C	1838	25	1866	11	1894	4	1906	25	1934	11	C	Lundi
Mardi	C	1839	10	1867	31	1895	24	1907	10	1935	31	C	Mardi
Mercr.	B	1840	29	1868	22	1896	15	1908	29	1936	22	B	Mercr.
Vend.	C	1841	21	1869	7	1897	28	1909	21	1937	7	C	Vend.
Sam.	C	1842	6	1870	27	1898	20	1910	6	1938	27	C	Sam.
Dim.	C	1843	26	1871	19	1899	12	1911	26	1939	19	C	Dim.
Lundi	B	1844	17	1872	10	"	"	1912	17	1940	3	B	Lundi
Mercr.	C	1845	2	1873	23	"	"	1913	2	1941	23	C	Mercr.
Jeudi	C	1846	22	1874	15	"	"	1914	22	1942	15	C	Jeudi
Vend.	C	1847	14	1875	7	"	"	1915	14	1943	35	C	Vend.
Sam.	B	1848	33	1876	26	"	"	1916	33	1944	19	B	Sam.
Lundi	C	1849	18	1877	11	1900	25	1917	18	1945	11	C	Lundi
Mardi	C	1850	10	1878	31	"	"	1918	10	1946	31	C	Mardi
Mercr.	C	1851	30	1879	23	"	"	1919	30	1947	16	C	Mercr.
Jeudi	B	1852	21	1880	7	"	"	1920	14	1948	7	B	Jeudi
Sam.	C	1853	6	1881	27	"	"	1921	6	1949	27	C	Sam.
Dim.	C	1854	26	1882	19	"	"	1922	26	1950	19	C	Dim.
Lundi	C	1855	18	1883	4	"	"	1923	11	1951	4	C	Lundi
Mardi	B	1856	2	1884	23	"	"	1924	30	1952	23	B	Mardi
Jeudi	C	1857	22	1885	15	"	"	1925	22	1953	15	C	Jeudi

TABLE V (suite).

(*Voir* l'explication p. 191.)

J		M	N°	M	N°	M	N°	M	N°	M	N°		J
Vend.	C	1954	28	1982	21	2010	14	2038	35	2066	21	C	**Vend.**
Sam.	C	1955	20	1983	13	2011	34	2039	20	2067	13	C	**Sam.**
Dim.	B	1956	11	1984	32	2012	18	2040	11	2068	32	B	**Dim.**
Mardi	C	1957	31	1985	17	2013	10	2041	31	2069	24	C	**Mardi**
Mercr.	C	1958	16	1986	9	2014	30	2042	16	2070	9	C	**Mercr.**
Jeudi	C	1959	8	1987	29	2015	15	2043	8	2071	29	C	**Jeudi**
Vend.	B	1960	27	1988	13	2016	6	2044	27	2072	20	B	**Vend.**
Dim.	C	1961	12	1989	5	2017	26	2045	19	2073	5	C	**Dim.**
Lundi	C	1962	32	1990	25	2018	11	2046	4	2074	25	C	**Lundi**
Mardi	C	1963	24	1991	10	2019	31	2047	24	2075	17	C	**Mardi**
Mercr.	B	1964	8	1992	29	2020	22	2048	15	2076	29	B	**Mercr.**
Vend.	C	1965	28	1993	21	2021	14	2049	28	2077	21	C	**Vend.**
Sam.	C	1966	20	1994	13	2022	27	2050	20	2078	13	C	**Sam.**
Dim.	C	1967	5	1995	26	2023	19	2051	12	2079	33	C	**Dim.**
Lundi	B	1968	24	1996	17	2024	10	2052	31	2080	17	B	**Lundi**
Mercr.	C	1969	16	1997	9	2025	30	2053	16	2081	9	C	**Mercr.**
Jeudi	C	1970	8	1998	22	2026	15	2054	8	2082	29	C	**Jeudi**
Vend.	C	1971	21	1999	14	2027	7	2055	28	2083	14	C	**Vend.**
Sam.	B	1972	12	2000	33	2028	26	2056	12	2084	5	B	**Sam.**
Lundi	C	1973	32	2001	25	2029	11	2057	32	2085	25	C	**Lundi**
Mardi	C	1974	24	2002	10	2030	31	2058	24	2086	10	C	**Mardi**
Mercr	C	1975	9	2003	30	2031	23	2059	9	2087	30	C	**Mercr.**
Jeudi	B	1976	28	2004	21	2032	7	2060	28	2088	21	B	**Jeudi**
Sam.	C	1977	20	2005	6	2033	27	2061	20	2089	13	C	**Sam.**
Dim.	C	1978	5	2006	26	2034	19	2062	5	2090	26	C	**Dim.**
Lundi	C	1979	25	2007	18	2035	4	2063	25	2091	18	C	**Lundi**
Mardi	B	1980	16	2008	2	2036	23	2064	16	2092	9	B	**Mardi**
Jeudi	C	1981	29	2009	22	2037	15	2065	8	2093	22	C	**Jeudi**

TABLE VI. — CALENDRIER PERPÉTUEL.

(*Voir* l'explication p. 191.)

DATES.	JANV.	FÉVR.	MARS.	AVRIL.	MAI.	JUIN.	JUILL.	AOUT.	SEPT.	OCT.	NOV.	DÉC.	DATES.
1	C B	″	″	B	″	″	B	″	″	C	″	″	1
2	″	″	″	C	″	″	C	″	B	″	″	B	2
3	″	″	″	″	″	B	″	″	C	″	″	C	3
4	″	″	B	″	″	C	″	″	″	″	B	″	4
5	″	C B	C	″	″	″	″	B	″	″	C	″	5
6	″	″	″	″	B	″	″	C	″	″	″	″	6
7	″	″	″	″	C	″	″	″	″	B	″	″	7
8	C B	″	″	B	″	″	B	″	″	C	″	″	8
9	″	″	″	C	″	″	C	″	B	″	″	B	9
10	″	″	″	″	″	B	″	″	C	″	″	C	10
11	″	″	B	″	″	C	″	″	″	″	B	″	11
12	″	C B	C	″	″	″	″	B	″	″	C	″	12
13	″	″	″	″	B	″	″	C	″	″	″	″	13
14	″	″	″	″	C	″	″	″	″	B	″	″	14
15	C B	″	″	B	″	″	B	″	″	C	″	″	15
16	″	″	″	C	″	″	C	″	B	″	″	B	16
17	″	″	″	″	″	B	″	″	C	″	″	C	17
18	″	″	B	″	″	C	″	″	″	″	B	″	18
19	″	C B	C	″	″	″	″	B	″	–	C	″	19
20	″	″	″	″	B	″	″	C	″	″	″	″	20
21	″	″	″	″	C	″	″	″	″	B	″	″	21
22	C B	″	″	B	″	″	B	″	″	C	″	″	22
23	″	″	″	C	″	″	C	″	B	″	″	B	23
24	″	″	″	″	″	B	″	″	C	″	″	C	24
25	″	″	B	″	″	C	″	″	″	″	B	″	25
26	″	C B	C	″	″	″	″	B	″	″	C	″	26
27	″	″	″	″	B	″	″	C	″	″	″	″	27
28	″	″	″	″	C	″	″	″	″	B	″	″	28
29	C B	″	″	B	″	″	B	″	″	C	″	″	29
30	″		″	C	″	″	C	″	B	″	″	B	30
31	″		″		″		″	″		″		C	31

TABLE VII indiquant les dates des fêtes mobiles grégoriennes, correspondant aux numéros (**N°**) de la **Table V.**

N°.	PAQUES.	ASCENSION.	PENTECOTE.	N°.	N°.	PAQUES.	ASCENSION.	PENTECOTE.	N°.
1	22 Mars	30 Avril	10 Mai	1	18	8 Avril	17 Mai	27 Mai	18
2	23 »	1 Mai	11 »	2	19	9 »	18 »	28 »	19
3	24 »	2 »	12 »	3	20	10 »	19 »	29 »	20
4	25 »	3 »	13 »	4	21	11 »	20 »	30 »	21
5	26 »	4 »	14 »	5	22	12 »	21 »	31 »	22
6	27 »	5 »	15 »	6	23	13 »	22 »	1 Juin	23
7	28 »	6 »	16 »	7	24	14 »	23 »	2 »	24
8	29 »	7 »	17 »	8	25	15 »	24 »	3 »	25
9	30 »	8 »	18 »	9	26	16 »	25 »	4 »	26
10	31 »	9 »	19 »	10	27	17 »	26 »	5 »	27
11	1 Avril	10 »	20 »	11	28	18 »	27 »	6 »	28
12	2 »	11 »	21 »	12	29	19 »	28 »	7 »	29
13	3 »	12 »	22 »	13	30	20 »	29 »	8 »	30
14	4 »	13 »	23 »	14	31	21 »	30 »	9 »	31
15	5 »	14 »	24 »	15	32	22 »	31 »	10 «	32
16	6 »	15 »	25 »	16	33	23 »	1 Juin	11 »	33
17	7 »	16 »	26 »	17	34	24 »	2 »	12 »	34
18	8 »	17 »	27 »	18	35	25 »	3 »	13 »	35

TABLE VIII, donnant la date de Pâques dans le calendrier julien

Dans le calendrier julien, Pâques revient aux mêmes dates après une période de 532 ans. On aura la date pascale d'une année, non comprise dans le Tableau, en ajoutant ou retranchant 532 du millésime donné autant de fois qu'il sera nécessaire pour obtenir l'année correspondante du Tableau.

Exemple. — Quelle est la date pascale de l'an 800 ? Ajoutant au millésime donné 2 périodes de 532 ans, soit 1064, on trouve 1864 pour l'année correspondante du Tableau et, par suite, le 19 avril pour la date pascale demandée.

Les dates *en italique* se rapportent au mois de Mars.

ANNÉE	0	1	2	3	4	5	6	7	8	9
1600	*23*	12	4	24	8	*31*	20	5	*27*	16
1610	8	*24*	12	4	24	9	*31*	20	5	*28*
1620	16	1	21	13	*28*	17	9	*25*	13	5
1630	*28*	10	1	21	6	*29*	17	9	*25*	14
1640	5	25	10	2	21	6	*29*	18	2	*25*
1650	14	*30*	18	10	*26*	15	6	*29*	11	3
1660	22	14	*30*	19	10	*26*	15	7	*22*	11
1670	3	23	7	*30*	19	4	*26*	15	*31*	20
1680	11	3	16	8	*30*	19	4	*27*	15	*31*
1690	20	12	*27*	16	8	*24*	12	4	24	9
1700	*31*	20	5	*28*	16	8	*24*	13	4	24
1710	9	1	20	5	*28*	17	1	21	13	*29*
1720	17	9	*25*	14	5	*28*	10	2	21	6
1730	*29*	18	9	*25*	14	6	25	10	2	22
1740	6	*29*	18	3	*25*	14	*30*	19	10	*26*
1750	15	7	*29*	11	3	23	14	*30*	19	11
1760	*26*	15	7	*23*	11	3	23	8	*30*	19
1770	4	*27*	15	*31*	20	12	3	16	8	*31*
1780	19	4	*27*	16	*31*	20	12	*28*	16	8
1790	*24*	13	4	24	9	1	20	5	*28*	17
1800	8	*24*	13	5	24	9	1	14	5	*28*
1810	17	2	21	13	*29*	18	9	*25*	14	6
1820	*28*	10	2	22	6	*29*	18	3	*25*	14
1830	6	19	10	2	22	7	*29*	18	3	*26*

Calendrier julien. Date de Pâques (suite)

Les dates *en italique* se rapportent au mois de Mars

ANNÉE	0	1	2	3	4	5	6	7	8	9
1840	14	*30*	19	11	*26*	15	7	*23*	11	3
1850	23	8	*30*	19	11	*27*	15	7	*23*	12
1860	3	23	8	*31*	19	4	*27*	16	*31*	20
1870	12	*28*	16	8	*31*	13	4	*27*	16	1
1880	20	12	*28*	17	8	*24*	13	5	24	9
1890	1	21	5	*28*	17	2	*24*	13	5	18
1900	9	1	14	6	*28*	17	2	22	13	*29*
1910	18	10	*25*	14	6	*22*	10	2	22	7
1920	*29*	18	3	*26*	14	6	19	11	2	22
1930	7	*30*	18	3	*26*	15	*30*	19	11	*27*
1940	15	7	*23*	12	3	23	8	*31*	19	11
1950	*27*	16	7	*23*	12	4	23	8	*31*	20
1960	4	*27*	16	1	20	12	*28*	17	8	*31*
1970	13	5	*27*	16	1	21	12	*28*	17	9
1980	*24*	13	5	25	9	1	21	6	*28*	17
1990	2	*25*	13	5	18	10	1	14	6	*29*
2000	17	2	22	14	*29*	18	10	*26*	14	6
2010	*22*	11	2	22	7	*30*	18	3	*26*	15
2020	6	19	11	3	22	7	*30*	19	3	*26*
2030	15	*31*	19	11	*27*	16	7	*23*	12	4
2040	23	8	*31*	20	11	*27*	16	8	*23*	12
2050	4	24	8	*31*	20	5	*27*	16	1	21
2060	12	*28*	17	9	*31*	13	5	*28*	16	1
2070	21	6	*28*	17	9	*25*	13	5	25	10
2080	1	21	6	*29*	17	2	*25*	14	5	18
2090	10	*26*	14	6	*29*	11	2	22	14	*30*
2100	18	10	*26*	15	6	*22*	11	3	22	7
2110	*30*	19	3	*26*	15	*31*	19	11	3	16
2120	7	*30*	19	4	*26*	15	*31*	20	11	*27*
2130	16	8	*23*	12	4	24	8	*31*	20	5
2140	*27*	16	8	*24*	12	4	24	9	*31*	20
2150	5	*28*	16	1	21	13	*28*	17	9	*25*
2160	13	5	*28*	10	1	21	6	*29*	17	9
2170	*25*	14	5	25	10	2	21	6	*29*	18
2180	2	*25*	14	*30*	18	10	*26*	15	6	*29*
2190	11	3	22	14	*30*	19	10	*26*	15	7
2200	*22*									

TABLE IX, donnant la date de Pâques dans le calendrier grégorien

Les dates *en italique* se rapportent au mois de Mars

ANNÉE	0	1	2	3	4	5	6	7	8	9
1580				10	1	21	6	*29*	17	2
1590	22	14	*29*	18	10	*26*	14	*6*	*22*	11
1600	2	22	7	*30*	18	10	*26*	15	6	19
1610	11	3	22	7	*30*	19	3	*26*	15	*31*
1620	19	11	*27*	16	7	*30*	12	4	23	15
1630	*31*	20	11	*27*	16	8	*23*	12	4	24
1640	8	*31*	20	5	*27*	16	1	21	12	4
1650	17	9	*31*	13	5	*28*	16	1	21	13
1660	*28*	17	9	*25*	13	5	25	10	1	21
1670	6	*29*	17	2	*25*	14	5	18	10	2
1680	21	6	*29*	18	2	22	14	*30*	18	10
1690	*26*	15	6	*22*	11	3	22	7	*30*	19
1700	11	*27*	16	8	*23*	12	4	24	8	*31*
1710	20	5	*27*	16	1	21	12	*28*	17	9
1720	*31*	13	5	*28*	16	1	21	13	*28*	17
1730	9	*25*	13	5	25	10	1	21	6	*29*
1740	17	2	*25*	14	5	18	10	2	14	6
1750	*29*	11	2	22	14	*30*	18	10	*26*	15
1760	6	*22*	11	3	22	7	*30*	19	3	*26*
1770	15	*31*	19	11	3	16	7	*30*	19	4
1780	*26*	15	*31*	20	11	*27*	16	8	*23*	12
1790	4	24	8	*31*	20	5	*27*	16	8	*24*
1800	13	5	18	10	1	14	6	*29*	17	2
1810	22	14	*29*	18	10	*26*	14	6	*22*	11
1820	2	22	7	*30*	18	3	*26*	15	6	19
1830	11	3	22	7	*30*	19	3	*26*	15	*31*
1840	19	11	*27*	16	7	*23*	12	4	23	8
1850	*31*	20	11	*27*	16	8	*23*	12	4	24
1860	8	*31*	20	5	*27*	16	1	21	12	*28*
1870	17	9	*31*	13	5	*28*	16	1	21	13
1880	*28*	17	9	*25*	13	5	25	10	1	21
1890	6	*29*	17	2	*25*	14	5	18	10	2
1900	15	7	*30*	12	3	23	15	*31*	19	11
1910	*27*	16	7	*23*	12	4	23	8	*31*	20
1920	4	*27*	16	1	20	12	4	17	8	*31*
1930	20	5	*27*	16	1	21	12	*28*	17	9
1940	*24*	13	5	25	9	1	21	6	*28*	17

Calendrier grégorien. Date de Pâques (suite)

Les dates *en italique* se rapportent au mois de Mars.

ANNÉE	0	1	2	3	4	5	6	7	8	9
1950	9	*25*	13	5	18	10	1	21	6	*29*
1960	17	2	22	14	*29*	18	10	*26*	14	6
1970	*29*	11	2	22	14	*30*	18	10	*26*	15
1980	6	19	11	3	22	7	*30*	19	3	*26*
1990	15	*31*	19	11	3	16	7	*30*	12	4
2000	23	15	*31*	20	11	*27*	16	8	*23*	12
2010	4	24	8	*31*	20	5	*27*	16	1	21
2020	12	4	17	9	*31*	20	5	*28*	16	1
2030	21	13	*28*	17	9	*25*	13	5	25	10
2040	1	21	6	*29*	17	9	*25*	14	5	18
2050	10	2	21	6	*29*	18	2	22	14	*30*
2060	18	10	*26*	15	6	*29*	11	3	22	14
2070	*30*	19	10	*26*	15	7	19	11	3	23
2080	7	*30*	19	4	*26*	15	*31*	20	11	3
2090	16	8	*30*	12	4	24	15	*31*	20	12
2100	*28*	17	9	*25*	13	5	18	10	1	21
2110	6	*29*	17	2	22	14	*29*	18	10	*26*
2120	14	6	*29*	11	2	22	14	*30*	18	10
2130	*26*	15	6	19	11	3	22	7	*30*	19
2140	3	*26*	15	*31*	19	11	3	16	7	*30*
2150	12	4	23	15	*31*	20	11	*27*	16	8
2160	*23*	12	4	24	8	*31*	20	5	*27*	16
2170	1	21	12	4	17	9	*31*	20	5	*28*
2180	16	1	21	13	*28*	17	9	*25*	13	5
2190	25	10	1	21	6	*29*	17	9	*25*	14
2200	6	19	11	3	22	7	*30*	19	3	*26*
2210	15	*31*	19	11	*27*	16	7	*30*	12	4
2220	23	15	*31*	20	11	*27*	16	8	*23*	12
2230	4	24	8	*31*	20	5	*27*	16	1	21
2240	12	4	17	9	*31*	13	5	*28*	16	1
2250	21	13	*28*	17	9	*25*	13	5	25	10
2260	1	21	6	*29*	17	2	*25*	14	5	18
2270	10	2	21	6	*29*	18	2	22	14	*30*
2280	18	10	*26*	15	6	*22*	11	3	22	7
2290	*30*	19	10	*26*	15	7	19	11	3	16

Pour les dates des années de 2300 à 3000, voir l'*Annuaire du Bureau des Longitudes* pour l'an 1917, pages 143 à 145.

Table des Matières

Horlogerie

www.decoopman.com

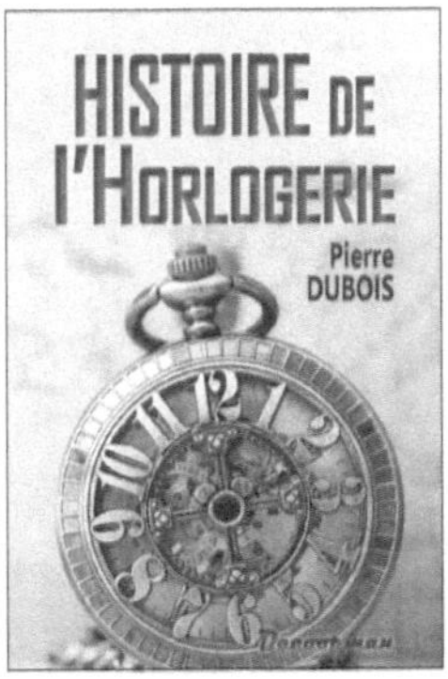

Horlogerie

www.decoopman.com

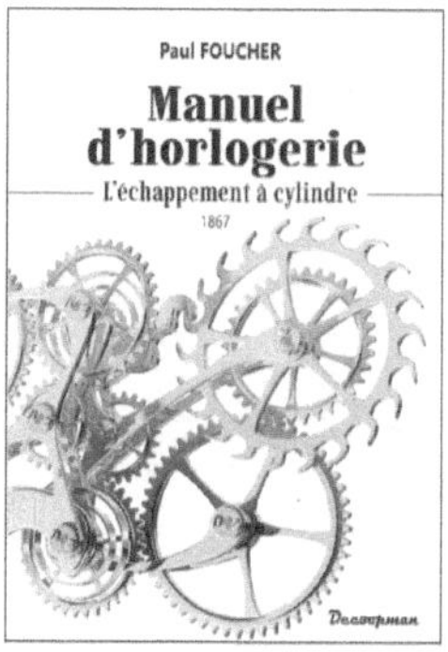

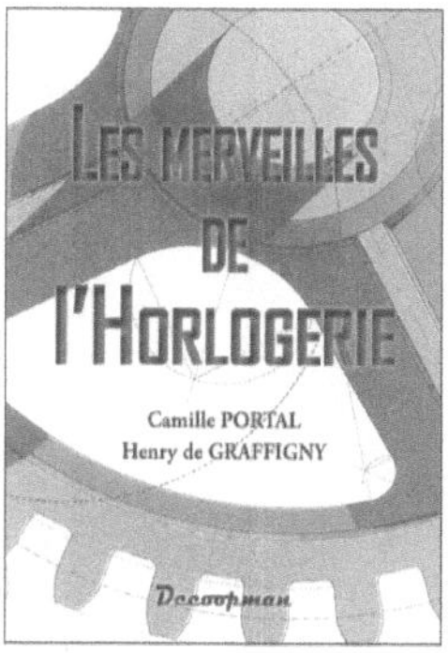

www.ingramcontent.com/pod-product-compliance
Lightning Source LLC
LaVergne TN
LVHW090437061026
849522LV00002B/661
9782369651659